Katrin Greßer, Renate Freisler

Agil und erfolgreich führen

Neue Leadership-Kompetenzen: Mit einem agilen Mindset und
Methoden Ihre Führungspersönlichkeit entwickeln

managerSeminare Verlags GmbH – Edition managerSeminare

Katrin Greßer, Renate Freisler
Agil und erfolgreich führen
Neue Leadership-Kompetenzen: Mit einem agilen Mindset und
Methoden Ihre Führungspersönlichkeit entwickeln

© 2017 managerSeminare Verlags GmbH
2. Aufl. 2017
Endenicher Str. 41, D-53115 Bonn
Tel: 0228-977910, Fax: 0228-9779199
info@managerseminare.de
www.managerseminare.de/shop

Printed in Germany

ISBN: 978-3-95891-032-4

Herausgeber der Edition managerSeminare:
Ralf Muskatewitz, Jürgen Graf, Nicole Bußmann

Lektorat: Jürgen Graf
Coverfoto: rubberball/Fotolia
Illustrationen: Stefanie Diers
Druck: Kösel GmbH und Co. KG, Krugzell

Inhalt

Einleitung **6**

Mind Map 6

Darum geht's 8

Dankeschön 11

1   Willkommen in der neuen Arbeitswelt **12**

2   Agil führen **26**

2.1   Agil führen – darum geht es 26

2.2   Mehr führen, weniger managen 32

2.2.1 Management 34

2.2.2 Leadership 35

2.3   Hierarchie versus Netzwerk 40

2.4   Funktion und Rollen in der Führung 43

3   Kompetenzen für die Zukunft **46**

3.1   Veränderungen und den Change begleiten 49

3.2   Sich selbst führen und managen 51

3.3   Emotional intelligent agieren 56

3.4   Auf Augenhöhe kommunizieren und den Dialog fördern 62

3.5   Richtig entscheiden und delegieren 66

3.6   Ein digitales Selbstverständnis entwickeln 71

3.7   Diversity-Kompetenzen fördern 74

3.8   Sich selbst reflektieren 76

Katrin Greßer, Renate Freisler

4   Empowern Sie sich selbst **78**

4.1   Das Mindset macht den Unterschied 78
4.2   Selbst- und Fremdbild.. 83
4.3   Die eigene Landkarte kennen und die Persönlichkeit
         entwickeln.. 86
4.3.1   Big Five – die Grundfesten unserer Persönlichkeit............ 86
4.3.2   Grundmotive – das Fundament unserer Motivation.................. 87
4.3.3   Erforschen Sie Ihre persönlichen Werte 89
4.3.4   Unsere Haltung prägt unser Verhalten 90
4.3.5   Glaubenssätze und Überzeugungen.................................... 94
4.4   Selbstcoaching 96

5   Empowern Sie Ihre MitarbeiterInnen..........................**100**

5.1   Die MitarbeiterInnen stärken..101
5.1.1   Mit Powerful Questions Spitzenleistungen herauskitzeln 104
5.1.2   Feedback that works 106
5.1.3   Diskussionen oder Dialoge führen?..................................110
5.1.4   Weg vom Beurteilen, hin zur wertschätzenden Anerkennung...113
5.1.5   Die Kunst der konstruktiven Kritik...................................116
5.2   Vorleben und Vorbild sein..118

6   Empowern Sie Ihr Team **122**

6.1   Wie wird die Arbeitsgruppe zum Team?............................. 122
6.2   Methoden der agilen Teamarbeit 125
6.2.1   Das Daily oder: die Tasse Kaffee im Stehen 125
6.2.2   Das Kanban-Board.. 126
6.2.3   Delegation Poker 128
6.2.4   Systemisches Konsensieren 130

7   Führen macht Spaß **134**

Service...**139**

Literaturverzeichnis... 139

Stichwortverzeichnis... 143

Einleitung

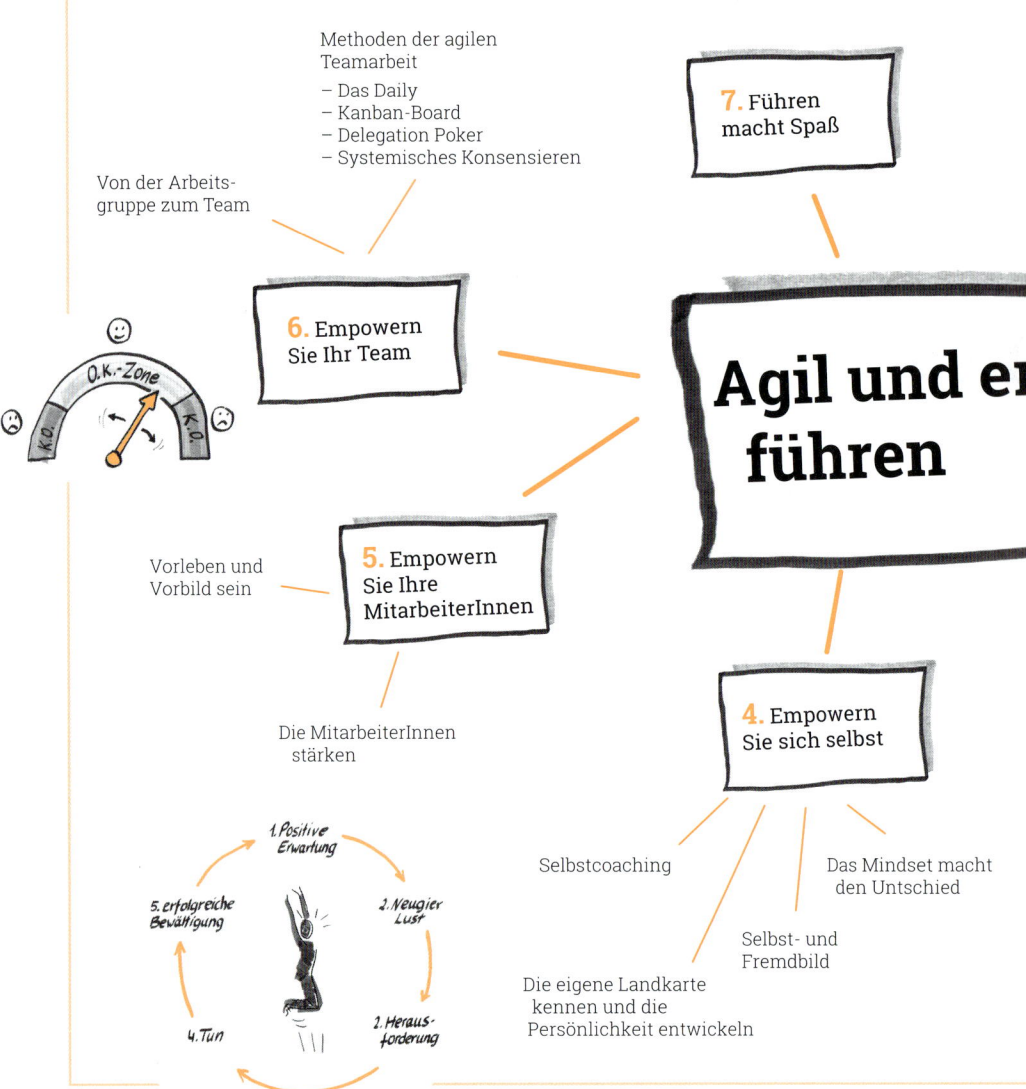

Methoden der agilen
Teamarbeit

– Das Daily
– Kanban-Board
– Delegation Poker
– Systemisches Konsensieren

Von der Arbeits-
gruppe zum Team

7. Führen
macht Spaß

O.k.-Zone
K.O.   K.O.

6. Empowern
Sie Ihr Team

**Agil und er
führen**

Vorleben und
Vorbild sein

5. Empowern
Sie Ihre
MitarbeiterInnen

4. Empowern
Sie sich selbst

Die MitarbeiterInnen
stärken

1. Positive
Erwartung

5. erfolgreiche
Bewätigung

2. Neugier
Lust

4. Tun

2. Heraus-
forderung

Selbstcoaching

Das Mindset macht
den Untschied

Selbst- und
Fremdbild

Die eigene Landkarte
kennen und die
Persönlichkeit entwickeln

Katrin Greßer, Renate Freisler

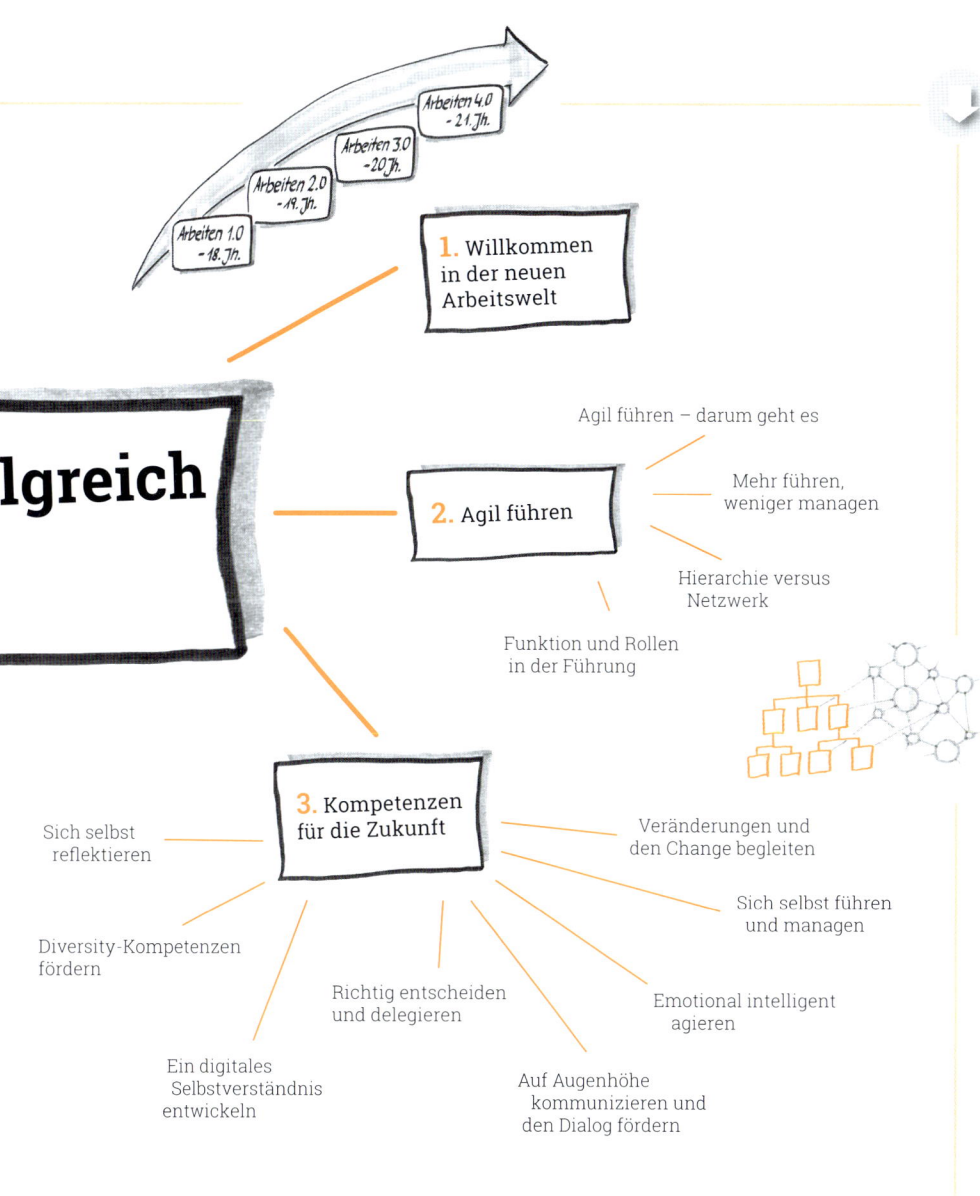

Arbeiten 1.0 – 18. Jh.

Arbeiten 2.0 – 19. Jh.

Arbeiten 3.0 – 20 Jh.

Arbeiten 4.0 – 21. Jh.

1. Willkommen in der neuen Arbeitswelt

lgreich

2. Agil führen

Agil führen – darum geht es

Mehr führen, weniger managen

Hierarchie versus Netzwerk

Funktion und Rollen in der Führung

3. Kompetenzen für die Zukunft

Sich selbst reflektieren

Diversity-Kompetenzen fördern

Ein digitales Selbstverständnis entwickeln

Richtig entscheiden und delegieren

Auf Augenhöhe kommunizieren und den Dialog fördern

Veränderungen und den Change begleiten

Sich selbst führen und managen

Emotional intelligent agieren

Darum geht's

Sie stehen am Beginn Ihrer Karriere und sind neu in der Führungsrolle? Sie sind als Fachexperte gut positioniert? Oder sind Sie junger Unternehmer, erfahrener Geschäftsführer? Sie möchten Ihre Führungsrolle neu und anders gestalten? Oder nehmen Sie gerade an einem Führungskräfteentwicklungsprogramm teil?

Dieses Buch soll Sie unterstützen, in Ihrem Führungsalltag erfolgreich zu sein. Ihr Antrieb, etwas bewegen und gestalten zu wollen, lässt Sie hinderliche Muster erkennen? Manchmal sind Sie unsicher in Zeiten der Disruption und Veränderung – der eine oder andere Selbstzweifel beschäftigt Sie? Vielleicht fragen Sie sich auch: „Kann ich das schaffen?"

Sie finden in diesem Buch Methoden, Werkzeuge und Tools, die Sie in Ihrer Führungspraxis sofort anwenden können, um sich selbst und Ihre MitarbeiterInnen zu stärken. Sie finden Tipps und Wissensinputs zu den Themen Scrum, Change, Agilität, Selbstorganisation, Leadership und Management. Die Reflexionsfragen sollen Sie anregen, die persönliche Situation, das eigene Verhalten zu hinterfragen und aus gewohnten Denkmustern auszusteigen. Denn die Persönlichkeitsentwicklung einer Führungskraft – und hier vor allem die Fähigkeit zur Selbstreflexion – sehen wir als einen Schlüssel zum Erfolg.

Wir hoffen, dass Ihre Motivation, sich mit dem Thema „Agil und erfolgreich führen" zu beschäftigen, intrinsisch geprägt ist. Sie profitieren am meisten, wenn Sie mit einer offenen Haltung, dem Mut, Neues auszuprobieren, und dem Vertrauen, dass die gemachten Erfahrungen Sie weiterbringen, herangehen. Leben Sie den Entwicklungsprozess vor und Ihre MitarbeiterInnen werden Ihnen folgen. Erfolgreiche Führungskräfte arbeiten an und mit sich, um die Veränderungen in die Welt zu bringen. Vielleicht lassen Sie sich von Mahatma Gandhi leiten: „Sei Du selbst die Veränderung, die Du Dir wünschst für diese Welt."

Mit diesem Buch wollen wir Ihnen Mut machen, in Führung zu gehen und die Führungsrolle anzunehmen. Außerdem sind wir davon überzeugt, dass Führung Spaß macht, Freude bereitet und Sinn gibt. Lassen Sie sich inspirieren. In unserer eigenen Praxis arbeiten wir agil, finden immer wieder neue Wege und lernen jeden Tag dazu. Ob es komplexe Projekte sind oder neue Themenstellungen. Wir nutzen unser ganzes Know-how im Team und schaffen es so, mit und für unsere Kunden optimale Lösungen für eine menschengemäße Unternehmensentwicklung zu erarbeiten. Führung ist und bleibt spannend.

Katrin Greßer, Renate Freisler

Wir wünschen Ihnen viel Erfolg und Freude bei Ihren Führungsaufgaben, Ihrer persönlichen Entwicklung, dem Gestalten von Rahmenbedingungen, in denen Sie Positives bewirken und wo die Selbstorganisation wachsen kann. Wir wünschen Ihnen motivierte MitarbeiterInnen, die Lust haben, sich einzubringen sowie begeisterte Kunden, die gerne mit Ihnen zusammenarbeiten.

Gender

Generell nutzen wir die Schreibweise: MitarbeiterInnen, TeilnehmerInnen, ManagerInnen. Es ist nicht immer durchgängig möglich, die beschriebene Schreibweise einzuhalten (MitarbeiterInnengespräch). Wir bitten um Verständnis, dass wir aus Gründen der Verständlichkeit auch die männliche Form im Buch gewählt haben. Der Kunde, der Mitarbeiter – die Wirtschaftswelt ist nach wie vor sehr durch maskuline Wörter geprägt. Immer mehr gewinnen die femininen Begriffe an Bedeutung: die Intuition, die Faszination, die Intelligenz, die Empathie, die Kompetenz und die Vernunft ;-).

Download

Zu diesem Buch gibt es umfangreiches Download-Material mit Arbeitsblättern für Ihre tägliche Arbeit und um Ihre Selbstreflexionsfähigkeit weiter zu trainieren. Download-Hinweise finden Sie direkt an der entsprechenden Stelle.

Download-Handouts erkennen Sie an diesem Symbol – den Link finden Sie in der Umschlagklappe.

Inhalte & Kapitel

Sie können das Buch von vorne nach hinten lesen oder direkt in ein Kapitel einsteigen, das für Sie besonders interessant ist. Die Mind Map auf der vorherigen Seite hilft Ihnen dabei. Vielleicht wird das Buch/E-Book auch ein idealer Begleiter für die unterschiedlichsten Situationen im Führungsalltag – egal, ob es darum geht, spontan die Moderation zu übernehmen oder gleich ein Feedback-Gespräch zu führen, eine kreative Meeting-Variante auszuprobieren oder einfach mal zu pokern ;-).

Die vielen unterschiedlichen Methoden und Anleitungen werden Sie gut unterstützen. Wir freuen uns auf jeden Fall, wenn sich in diesem Buch irgendwann viele Post-its finden, mit denen Sie markiert haben, was Sie ausprobieren oder immer wieder anwenden wollen. Natürlich freuen wir uns auch über Ihr Feedback. Was ist für Sie hilfreich, was können Sie gut im Führungsalltag anwenden?

▶ *Kapitel 1* gibt Ihnen einen guten Überblick über die neue Arbeitswelt, Agilität und Selbstorganisation.

▶ Im *Kapitel 2* erfahren Sie, was agil führen bedeutet, welche Vorteile es hat und wie Sie mit agilen Prinzipien erfolgreich führen können. Und warum wir zukünftig weniger Management benötigen und dafür deutlich mehr Führung.

▶ Im *Kapitel 3* möchten wir Sie sensibilisieren für die Führungskompetenzen der Zukunft: vom Changemanagement-Know-how bis zur emotionalen Kompetenz.

▶ Mit den *Kapiteln 4 und 5* erhalten Sie ganz konkrete Werkzeuge, wie Sie sich selbst und Ihre MitarbeiterInnen empowern. Sie erfahren, weshalb „vorleben" und „Vorbild sein" wirkt. Denn die Arbeit an sich selbst ist die wichtigste Führungsaufgabe.

▶ Im *Kapitel 6* finden Sie Impulse für die Teamentwicklung sowie ein tolles Format für Gruppenprozesse, um die Beteiligten bei anstehenden Entscheidungsprozessen einzubeziehen.

▶ Das *Kapitel 7* will Lust auf Führung machen und gibt Ihnen zum Abschluss noch ein paar wichtige Impulse. Denn: Die „eine" Lösung gibt es nicht. Es gibt so viele Lösungen, wie es Menschen gibt.

Wir sagen Dankeschön!

Unseren

… Führungskräften, Geschäftsführern und Vorständen, die sich intensiv mit den Führungsthemen auseinandersetzen und mit uns in den Sparring gehen.

… Kunden, mit denen wir seit vielen Jahren partnerschaftlich zusammenarbeiten, die uns vertrauen und einbeziehen, um die gute Zukunft des Unternehmens zu gestalten.

… Seminar- und TrainingsteilnehmerInnen, die sich aktiv einbringen und uns an den spannenden Entwicklungen in den Unternehmen teilhaben lassen.

… Coachees, die wir vertrauensvoll begleiten dürfen und die uns wertvolle Einblicke bei ihren täglichen Herausforderungen geben.

… Interviewpartnern, die mit ihren Antworten unser Buch bereichert haben.

… Qualitätssicherern, vor allem bei Rainer Alt, der uns mit seinem Adlerauge wichtige Impulse gegeben und die Lesefreundlichkeit des Buches gefördert hat.

… Verlagspartnern bei managerSeminare, insbesondere bei Ralf Muskatewitz, der das Erscheinen dieses Buches möglich gemacht hat, und bei seinem Team, insbesondere bei Jürgen Graf für das Lektorieren, Korrigieren, Gestalten und Qualitätssichern aller Texte, Übungen und Aufgaben.

… Lebenspartnern, die uns bei den Abendschichten bestens versorgt und motiviert haben, damit das eine oder andere Kapitel fertig wurde.

… tierischen Unterstützern, Hündin Smilla und Katze Bubby; so waren auch längere Schreibphasen gut zu schaffen.

Herzlichst
Ihre Katrin Greßer & Renate Freisler

1 Willkommen in der neuen Arbeitswelt

> Die Art, wie wir arbeiten und wo wir arbeiten, befindet sich in einem Wandel. Das Internet und die digitalen Technologien, allen voran auch die mobile Nutzung von Daten und Informationen, gestalten nicht nur unseren Alltag neu, sie führen auch zu tief greifenden Veränderungen in der Wirtschaft und in der Arbeitswelt:
>
> Im Kontext der Digitalisierung entstehen neue Formen der Interaktion von Menschen untereinander, aber auch mit Datenwelten und der physischen Umgebung.
>
> Die Veränderung von Gesellschaft und Organisationen steht in einer Wechselwirkung mit den Veränderungen der Menschen in den Organisationen. Arbeitsplätze sind vielerorts Lebensräume für Menschen geworden, an denen sie auf ihre gewohnten Freiheiten nicht mehr verzichten wollen.
>
> – Bertelsmann-Stiftung –

So lange ist es noch gar nicht her: Die erste Dampfmaschine hat als Triebfeder die industrielle Revolution eingeleitet. Das sogenannte Arbeiten 1.0 hat unser Leben grundlegend verändert.

Es folgten die Massenproduktion, die Fließbandarbeit und der zunehmende Wettbewerb, die Technisierung von Arbeit und Leben zum Ende des 19. Jahrhunderts, bekannt als Arbeiten 2.0.

Das Arbeiten 3.0 begann mit den 1970er-Jahren, dem Wechsel zur Dienstleistungs- und Wissensgesellschaft. Nationale Märkte öffnen sich, die Globalisierung schreitet voran.

„Nichts ist beständiger als der Wandel", heute im 21. Jahrhundert, dem Arbeiten 4.0. Wir sprechen vom Internet der Dinge, dem Zeitalter der Digitalisierung und Vernetzung, der Kooperation von Mensch und Maschine. Geprägt ist unser Arbeiten durch Begriffe wie Smart Factory, Big Data, Cloud Technology, künstliche Intelligenz, Robotik, autonom fahrende Autos, Bahnen und Busse – und bezahlt wird bald nur noch mit dem Mobiltelefon (www.arbeitviernull.de). Nahezu jeder Bereich ist von der Digitalisierung betroffen.

Doch was ist heute anders? Wandel gab es schon immer. Das ist richtig. Allerdings vollzog sich der Wandel früher langsamer, die Veränderungszyklen waren länger, Menschen hatten in der Regel mehr Zeit, sich darauf einzustellen. Unternehmen verschwinden heute von einem Tag auf den anderen bzw. geraten in existenzielle Krisen. Erinnern Sie sich noch an AEG, Quelle und Grundig? Der Zeitenwandel vollzieht sich schlagartig und in bisher nicht gekannten Dimensionen.

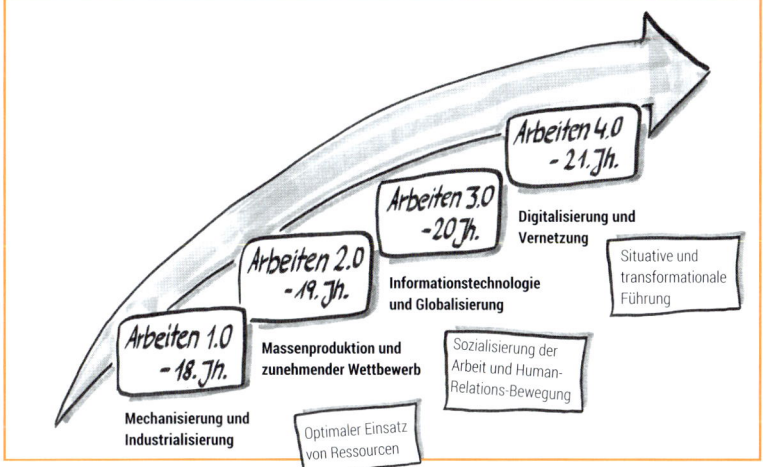

Abbildung 1:
Der Weg zur Arbeit 4.0

Die leistungsorientierte „Weltsicht" hat (oder sollten wir lieber schreiben: „hatte"?) einen enormen Einfluss auch auf die gelebten Management-Praktiken. Bisher folgten die meisten Führungskräfte diesem Denken: Betriebswirtschaftliche Ausbildungen folgen dem Leistungsprinzip. Globale Marken agieren als leistungsorientierte Organisationen mit dem Fokus auf Profitsteigerung. Die Organisation als Maschine. Wie stark diese Weltsicht bis heute in der Gesellschaft verankert ist, zeigt sich in unserer Sprache: Einheiten, Schichten, Zeitfenster, Output, Input, Effizienz, Effektivität, Ansatzpunkte, beschleunigen, skalieren, monitoren.

Die Liste lässt sich um ein Vielfaches verlängern: Organisationen werden designed, der Mensch ist wichtigste Ressource, die Zahnräder greifen ineinander, Veränderungen müssen geplant und implementiert werden. Und da gibt es noch die Ziele, Zahlen, strategischen Planungen, Meilensteine, Jahresbudgets, Kennzahlen, Prämiensysteme, Leistungsbewertungen, KVP und Scorecards.

Was auf der einen Seite für viel Bewegung und Energie sorgt, führt auf der anderen Seite zu Burnout und Erschöpfung, Dienst nach Vorschrift oder innerer Kündigung sowie fehlenden Innovationen. Wachstum nur um des Wachstums willen? Was bleibt, ist die Suche nach dem Sinn. Kommt die Abteilung, der/die MitarbeiterIn oder das Unternehmen aus dem Rhythmus, dann ist es Zeit für eine Beratung, eine Entwicklungsmaßnahme in Form eines Coachings oder eines Teambuildings.

Eine Capgemini-Studie fasst prägnant zusammen, was das für Führungskräfte bedeutet: *„Die individuellen Fähigkeiten einer Führungskraft, die ambitionierten, aber realistischen Ziele einer Organisation in einer definierten Zeit und mit minimalem Aufwand zu erreichen, sind endlich. Entweder verstößt sie dabei gegen Gesetze, Regeln und individuelle Belastungsgrenzen oder sie vernachlässigt die nachhaltige Entwicklung der Organisation und ihrer Mitglieder."* (vgl. Capgemini Consulting, Change Management Studie 2010, S. 54 ff.)

Die Unternehmen sind gut aufgestellt für das, was sie gerade tun. Sind sie auch ausreichend auf die Arbeitswelt von morgen vorbereitet?

Bisher war es meist so, dass die Experten mit herausragenden Leistungen eine Führungsrolle übernommen haben. Unsere Erfahrung zeigt, dass bei den Menschen mit einer hohen fachlichen Expertise die Führungskompetenzen häufig noch gering entwickelt sind. Sie kleben an ihren fachlichen Themen. Oftmals hinterlassen sie in ihren Teams auch eine große fachliche Lücke.

Ist Führung Können oder Kunst? Angeboren oder erlernbar?

Ob es ein „Führungsgen" gibt, ist zumindest uns unbekannt. Aus der eigenen Arbeit mit Führungskräften wissen wir: Führung kann gelernt werden. Dem einen fällt es leichter, dem anderen schwerer. Und jede Führungskraft ist einmalig. Wie das nun auch in der neuen Arbeitswelt gut gelingen kann, darüber werden Sie in diesem Buch viel erfahren. Sie werden Methoden kennenlernen, Ihre innere Haltung überprüfen und sich selbst „an die Hand nehmen". Dies bedeutet: immer wieder reflektieren, ausprobieren, verändern und sich für das, was Sie schon gut machen, auf die Schulter klopfen.

Veränderungen zu managen ist eine Zukunftsaufgabe für Unternehmen und Führungskräfte. Die Herausforderungen sind enorm: andere Formen der Zusammenarbeit, agile Strukturen, neue Geschäftsmodelle. Gesucht werden Führungskräfte mit einem starken Selbstverständnis, die partizipativ führen, die an Menschen glauben und ihnen etwas zutrauen. Sie ermöglichen Gestaltungsräume und Vernetzung, ermutigen und ermächtigen Menschen, in Zeiten des digitalen Wandels voranzugehen.

Doch wie können wir auf die Anforderungen der Zeit reagieren? Gibt es zeitgemäße Methoden und Einstellungen, mit denen wir die Komplexität und die Herausforderungen angehen können? Denn eines ist klar: Alles zu standardisieren, ist nicht mehr zeitgemäß. Die modernen und gut ausgebildeten WissensarbeiterInnen sind nicht mehr bereit, sich engagiert auf Basis der Industrialisierung „einheitlich, planend, strukturierend, verteilend, wie ein Fließbandarbeiter ..." einzubringen.

Wird alles agil?

HR goes agil, das Marketing, das Management und sogar „Christmas".

Heute sind agile Methoden und agile Organisationen in aller Munde. Der Duden definiert „agil" so: *„Agilität ist die Fähigkeit einer Organisation, flexibel, aktiv, anpassungsfähig und mit Initiative in Zeiten des Wandels und der Unsicherheit zu agieren."* Synonyme sind: Gewandtheit, Vitalität, Wendigkeit.

Agil = Flink und beweglich

Agile Methoden wie Scrum sind in der IT-Branche seit vielen Jahren im Einsatz. Durch sie können Projekte flexibel, ohne lange Vorausplanung und durch selbstorganisierte Teams gesteuert werden. Durch die Digitalisierung, das Internet und auch die Vernetzung wurden die Arbeitsprozesse in der IT stark beschleunigt, bewährte Methoden führten nicht mehr zum Erfolg. Agile Vorgehensweisen lassen Freiräume, um Probleme frühzeitig zu erkennen und zu lösen.

Agilität = Flexibilität mal Schnelligkeit

Von einfach bis komplex – die Stacey-Matrix

„Ganz schön kompliziert" jammert der Chemiestudent. „Das ist ja das reinste Chaos!" schimpft eine Urlauberin, als sie eine große Straßenkreuzung in Neu-Dehli überqueren will. „Eine ziemlich komplexe Angelegenheit!" meint der Projektleiter, der die Aufwände für das Forschungsprojekt kalkulieren soll.

Gleich zu Beginn des Buches wollen wir Ihnen die Stacy-Matrix vorstellen. Die Matrix hat uns geholfen, den Unterschied von einfach, kompliziert, komplex und chaotisch zu verstehen. Sie macht deutlich, wann klassische Methoden sinnvoll sind und wann agile Methoden zum Einsatz kommen sollten.

Komplexe Systeme sind z. B. das Gehirn, das Internet, Finanzmärkte, multinationale Konzerne und eben auch das menschliche Nervensys-

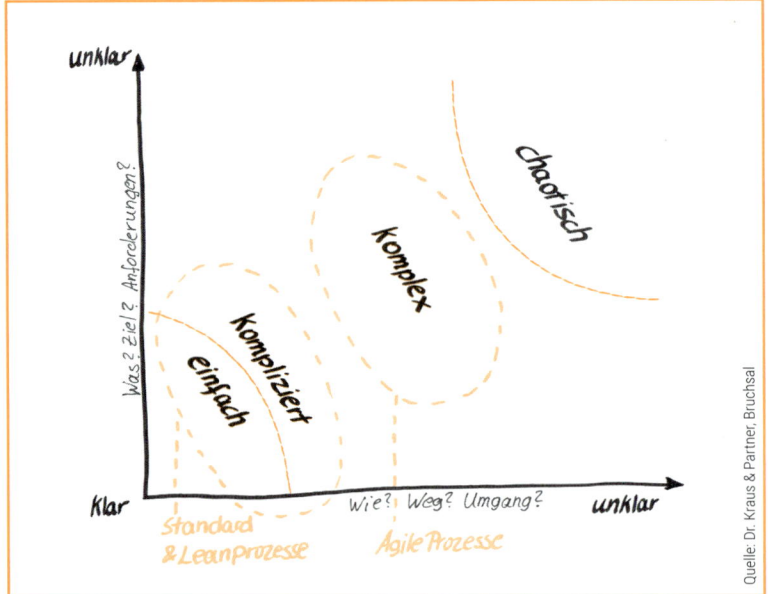

Abbildung 2:
Die Stacey-Matrix

Quelle: Dr. Kraus & Partner, Bruchsal

tem, der Mensch selbst, Infrastrukturnetze etc. Einfache Ursache-Wirkungs-Schemata genügen nicht, um das System zu verstehen.

In der Stacey-Matrix wird klar, dass agile Prozesse nicht auf alles anzuwenden sind. Wenn die Anforderungen („Was" ist zu tun?) und auch die Wege klar sind (das „Wie"?), können Sie mit Standardprozessen arbeiten. Das ist z. B. in der Serienproduktion absolut sinnvoll. Wird das „Was" und „Wie" unklarer, geht es in Richtung Komplexität. Jetzt sind agile Prozesse gefragt. Es kann durchaus sein, dass in der Entwicklung bis hin zum Prototyp agil, sobald das Produkt in Serie geht, aber wieder mit klassischem Projektmanagement gearbeitet wird. Sind sowohl die Anforderungen als auch der Weg absolut unklar, geht es ins Chaos. Der Wunsch der Teammitglieder nach Orientierungspunkten wird laut, damit sich das System wieder strukturieren kann.

Tipp zur Anwendung der Stacey-Matrix

Lassen Sie Ihr Team punkten: Erklären Sie die Stacey-Matrix am Flipchart. Fragen Sie Ihr Team. „Was denkt Ihr, in welchem Bereich ist unsere Abteilung/Organisation einzuordnen?" Lassen Sie jedes Teammitglied einen Punkt auf das Stacey-Flip kleben. Und schon haben Sie eine Selbsteinschätzung Ihres Teams zur Komplexität und gleichzeitig eine gute Basis für ein gemeinsames Verständnis des IST-Zustands. So können Sie gemeinsam die richtigen Entscheidungen für die Zukunft treffen.

Die Selbstorganisation fördern

Schon immer haben sich Menschen zusammengeschlossen, um mit vereinten Kräften etwas zu erreichen: z.B. um Dämme und Deiche zu bauen, eine Charity für einen guten Zweck zu organisieren oder im Katastrophenfall Menschen zu helfen.

> Selbstorganisation ist eine zum System gehörende Selbstverständlichkeit in der Natur, in Organisationen, in Gruppen, in Vereinen etc., also system-immanent (sys|tem|im|ma|nent {Adj.} zu einem System gehörend, sich innerhalb eines Systems bewegend, abspielend, in ein System eingebaut).

Aus Erfahrung wissen wir, dass Prozesse der Selbstorganisation oftmals produktiver, effizienter und nachhaltiger sind, als Prozesse, die permanent von außen kontrolliert werden. Selbstorganisation ist vor allem dann eine gute – und immer häufiger die einzig verbleibende! – Lösung, wenn dynamische und komplexe Projekte und Aufgaben umzusetzen sind. Im Vordergrund der selbstorganisierten Teams stehen die Prozesse. Die Ausrichtung orientiert sich an der Vision und an den Zielen. Die innere Ordnung entwickelt sich dabei laufend weiter, ebenso die Strukturen. Aufgaben im Team werden nicht von der Führungskraft verteilt, sondern flexibel von den Teammitgliedern nach dem Pull-Prinzip (statt Push) übernommen. Das Wissen und die Erfahrung aller Teammitglieder werden genutzt. So entstehen Synergieeffekte, um die besten Lösungen zu entwickeln. Es wird versucht, alle Betroffenen einzubinden im Sinne von: Betroffene zu Beteiligten machen. Das fördert die intrinsische Motivation.

Selbstorganisation bedeutet also nicht, dass das Team sich selbst überlassen wird. Die Führungskraft gibt Orientierung, liefert Zusammenhänge und Rahmenbedingungen. Selbstorganisierte Teams sind hoch flexibel, kommunikativ, wirksam und handlungsorientiert. Eine hierarchische Organisation ist oftmals zu unflexibel, um die vielfältigen Anforderungen eines komplexen Systems zu erfüllen. Denken Sie an unser Gehirn, ein wahrhaft komplexes System. Hierarchie wäre hier tödlich. Stellen Sie sich vor, alle Sinneseindrücke würden erst an eine zentrale Stelle weitergeleitet. Dort würde dann entschieden, was zu tun ist. Was das in kritischen Situationen heißen würde, liegt auf der Hand.

Nichts ist überzeugender als die Einsicht:

> „Ja, wir brauchen einander." Und nichts motiviert mehr als die Erfahrung, dass der eigene Beitrag unverzichtbar für das gemeinsam zu bewältigende Problem ist.
>
> — Reinhard K. Sprenger, 2012, S. 59 —

Abbildung 3: Vier-Stufen-Modell eines guten Betriebssystems

Das Stufenmodell in der folgenden Abbildung zeigt den Grad der Selbstorganisation an. Eine höhere Stufe ist nicht zwangsläufig die bessere. In der Regel arbeiten in einem Unternehmen verschiedene Teams zu unterschiedlichen Zeitpunkten auf verschiedenen Stufen. Die Herausforderung für die Führung besteht vor allem darin, die Stufe zu finden, die dem Team und der Aufgabe angemessen ist.

Chaos
Das Team ist der Selbstorganisation überlassen, ohne Regeln oder Rituale, und damit überfordert. Ein solches Chaos findet man z.B. in Schattenorganisationen.

Selbst gestaltete Selbstorganisation
Alle am Prozess Beteiligten organisieren sich gemeinsam – entlang der durch sie gestalteten Regeln.

Unterstützende Selbstorganisation
Alle am Prozess Beteiligten organisieren sich gemeinsam – unterstützt (aber nicht bestimmt) von Experten, Spezialisten, Führungskräften.

Einbeziehende Weisung und Kontrolle
Verantwortliche berücksichtigen in ihren Weisungen aktiv die Überlegungen und Meinungen der Ausführenden.

Überzeugende Weisung und Kontrolle
Verantwortliche erklären ihre Weisungen hinreichend, um die Ausführenden möglichst gut von deren Sinnhaftigkeit zu überzeugen.

Diktatur
Verantwortliche diktieren die Anweisungen, ohne diese zu erklären – Motto: „Denk nicht, mach!"

Quelle: managerSeminare

Selbstorganisation und Führung

Mit einem höheren Grad an Selbstorganisation benötigen Teams eine besondere Unterstützung: Die Rollen sind zu klären und müssen eingeübt werden. Die MitarbeiterInnen sind in die Eigenverantwortung zu führen und zu befähigen. Wichtig ist es, die Menschen dort abzuholen, wo sie gerade stehen. Es ist auch darauf zu achten, dass sich alte Muster nicht wieder einschleichen, insbesondere in stressigen und hektischen

Zeiten. Gehen Sie die Veränderungen ruhig an. Es braucht Geduld und Zuversicht, bis sich die Wirkung entfaltet, und es geht auch darum, die eine oder andere Unsicherheit auszuhalten, bis sich der gewünschte Erfolg einstellt. Pilotprojekte, die selbstorganisiert durchgeführt werden, sind eine gute Möglichkeit, schrittweise in die Selbstorganisation einzuführen.

Führungskräfte in selbstorganisierten Teams haben eine hohe Problemlösungskompetenz und stecken den Rahmen ab, in dem sich die MitarbeiterInnen bewegen – vergleichbar mit den Seitenlinien eines Spielfelds. Die Führungskräfte vermitteln dem Team Sinn – das „Wozu?". Selbstorganisation funktioniert gut, wo die Beteiligten ein gemeinsames Problem haben, das es zu lösen gilt. Jeder bringt sich mit seinen Stärken und Möglichkeiten ein. Es entwickelt sich ein vernetztes, dynamisches Denken. Der Einzelne weiß, wer noch mit unterstützen kann oder wo jemand gebraucht wird. Die Motivation ist enorm hoch. Alle haben ein gemeinsames Ziel.

Selbstorganisation in Unternehmen kann die MitarbeiterInnen aber auch verunsichern oder es erscheint unbequem. *„Jetzt muss ich selbst die Verantwortung übernehmen.", „Es ist doch viel einfacher, die Probleme von meiner Führungskraft lösen zu lassen."* Solche und ähnliche Aussagen haben wir beim World-Café in unseren Veranstaltungen gehört. Ja, auch das gilt es zu berücksichtigen: Hindernisse und Widerstände ernst zu nehmen, die MitarbeiterInnen auf dem Weg mitzunehmen, sie dazu einzuladen, mitzugestalten. Wie ist das zu schaffen? Indem Sie ein Umfeld schaffen, in dem Verbundenheit und Zugehörigkeit entsteht, wo die Bedürfnisse der Einzelnen und der Gruppe befriedigt werden. Dann werden Sie erleben, dass die Beteiligten für ein echtes gemeinsames Ziel auch bereit sind, ihr Ego hinten anzustellen. Das Bedürfnis nach Verbundenheit ist in uns von klein an angelegt und der Wunsch nach Zugehörigkeit eine starke Motivation. Das bewegt Menschen, sich zu engagieren. Und das kann nicht verordnet werden, sondern ist ein stetiger gemeinsamer Entwicklungsprozess, der gerade mit dem Bewältigen von Hindernissen und Krisen Verbundenheit schafft. Aussagen wie „Das schaffen wir gemeinsam" oder „Das macht uns noch stärker" zeigen es immer wieder.

Agile Ansätze

Agile Ansätze breiten sich immer weiter über die verschiedensten Branchen und Funktionen aus, bis hin zum Top-Management, und werden ganz unterschiedlich eingesetzt, z. B. in der Entwicklung von neuen

Hörfunkprogrammen, im Personalwesen (Stichwort: „Agile HR"), im Marketing, in der Entwicklung von Maschinen, in der Führung des oberen Managements „Agile Führungsteams". Typische agile Ansätze sind:

> **Scrum:** Im Mittelpunkt stehen kreative und adaptive Teamansätze zur Lösung von komplexen Problemen.
> **Lean Development/Entwicklung:** Hier geht es darum, Verschwendung kontinuierlich zu verringern.
> **Kanban:** Es geht darum, Vorlaufzeiten und unfertige Arbeiten zu reduzieren.
> **Design Thinking:** Ist ein iteratives und interdisziplinäres Vorgehen, um kreativ und teambasiert Lösungen für die Bedürfnisse zukünftiger Nutzer zu entwickeln.

Allen Ansätzen gemeinsam ist, dass sie eigenverantwortliche, kundenfokussierte und multidisziplinäre Teams fördern – raus aus der Bürokratie und den Fachsilos. Dafür braucht es neue Werte, Prinzipien und Vorgehensweisen. Die klassische Führung befindet sich im Change. Es geht darum, sich von den herkömmlichen Management-Praktiken – zumindest an der einen oder anderen Stelle – zu lösen. John Kotter beschreibt mit seinen acht Schritten, wie der Change erfolgreich begleitet werden kann.

*Führungs-
aufgaben im
Change nach
John Kotter
(1995)*

1. Wecken Sie ein Gefühl von Dringlichkeit.
   Es ist schwer, eine Organisation aus der Routine aufzuschrecken. Niemand bewegt sich freiwillig, wenn er nicht weiß, wozu. Ohne die Vermittlung des Sinns kann die Veränderung nicht gelingen.
   - Wie sieht unsere (Wettbewerbs-)Situation ungeschönt aus?
   - Welche Trends ziehen gerade an uns vorbei?
   - Wie sieht unser Umfeld in fünf bis zehn Jahren aus?
   - Welche Chance bietet sich uns gerade am Markt, die wir nutzen müssen, bevor es die anderen tun?
2. Vereinen Sie die richtungsweisenden Personen in einem starken Change-Team.
3. Entwickeln Sie eine Vision für die Zukunft.
4. Vermiteln Sie Vision und Strategie.
5. Ermöglichen Sie anderen Eigendynamik und Handlungsfreiheit.
6. Sorgen Sie gezielt für kurzfristige, sichtbare Erfolge (Quick Wins).
7. Bauen Sie erreichte Verbesserungen konsequent aus.
8. Verankern Sie die Veränderung im Alltag.

Wichtig: Veränderungen sind erst dann in der Organisation richtig verwurzelt, wenn sie zur Selbstverständlichkeit geworden und damit in der Unternehmenskultur fest verankert sind.

In einem ersten Schritt ist es wichtig zu verstehen, wie Agilität funktioniert und wofür sich welche Methoden eignen. Dies sei im Folgenden am Beispiel Scrum erläutert.

Scrum und seine agilen Prinzipien

Kennen Sie Rugby? Scrum gilt inzwischen als eine der Methoden der agilen Software-Entwicklung (Ken Schwaber, Jeff Sutherland). Der Name kommt ursprünglich aus dem Rugby und beschreibt das Gedränge, das um den Ball entsteht. Alle starten gemeinsam und laufen gleichzeitig los. Auf Scrum übertragen, steht dieses Bild für den Zusammenhalt im Team und für die gemeinsam getragenen Regeln, die – wie im Rugby – sehr diszipliniert eingehalten werden. Die klassischen Entwicklungsprozesse gleichen eher einem Staffellauf. Jeder Läufer ist auf sich allein gestellt. Erst wenn der eine Läufer sein Ziel erreicht hat, übergibt er den Stab an seinen Teamkollegen.

Führen im Scrum-Team

In agilen Konzepten erfolgt eine klare Verteilung bestimmter Verantwortlichkeiten mit dem Ziel, mehr Transparenz zu schaffen. Interessenskonflikte, die sich aufgrund mehrerer Rollen einer Person ergeben können, sollen vermieden werden. Was in klassischen Unternehmen ausschließlich bei der Führungskraft liegt, wird in agilen Umgebungen verteilt. Die Führungsverantwortung verteilt sich auf vier Rollen: Scrum Master, Product Owner, Scrum Team und Manager (siehe Übersicht auf S. 22). Die Rollen im Scrum sind nicht mit einer klassischen Position in einem Unternehmen gleichzusetzen.

Wenn Sie Scrum einführen, werden sehr wahrscheinlich Unsicherheiten und Ängste entstehen. Viele Führungskräfte kleben an ihrer Position und befürchten einen Machtverlust, denn sie geben Verantwortung ab und müssen loslassen. Entscheidungen werden innerhalb eines Rahmens in den selbstorganisierten Teams getroffen. Deshalb ist es wichtig, die Beteiligten in diesen Prozess intensiv einzubeziehen, sie zu befähigen und auf dem Weg zu begleiten. Das bedarf der Entwicklung einer starken eigenen Persönlichkeit, eines flexiblen Mindsets (siehe S. 78 ff.) und der Fähigkeit zur Selbstreflexion.

Scrum auf einen Blick

Scrum-Rollen – klare Rollenaufteilungen	Prinzipien & Werte
Product Owner, der Visionär: verantwortlich für das **Produkt** (Vision, Product Backlog, ROI)	**Prinzipien**
	Kontinuierliche Auslieferung (funktionierender Software) – wert- und kundenorientiert
Scrum Master, der Change Agent: verantwortlich für die **Produktivität** (Laterale Führung, Trainer, Facilitator, Coach)	
	Selbstorganisierte Teams – Pull-Prinzip
Das Team, die Lieferanten: verantwortlich für die **Qualität** (Arbeiten autonom & selbstorganisiert, cross-funktional, dicht am User)	Cross-funktionale Zusammenarbeit – technische Excellence
	Kontinuierliches Feedback & Verbesserung
Kunde, der Finanzierer: verantwortlich für das **Budget** (Anforderer, Executive Manager in der Organisation)	Iterative Entwicklung
	Timebox
User, der Anwender: verantwortlich für das **Feedback** (Mitarbeit, wesentliche Informationsquelle)	**Werte**
	– Commitment
Manager, der Bereitsteller: verantwortlich für das **Umfeld** (Bereitstellung von Ressourcen)	– Fokus – Offenheit – Respekt – Mut

Meetings – eine engmaschige Meeting-Struktur	Artefakte – Arbeitsergebnisse, Listen und Darstellungen	Agiles Manifest
Estimation Meeting gemeinsamer Wissensaufbau des Produkts	**Impediment Backlog** die Fehlerliste	Individuen & Interaktion sind wichtiger als Werkzeuge & Prozesse
Sprint Planning Meeting I Was wollen wir in diesem Sprint tun?	**Product Backlog** die Anforderungen, Bedingungen, Funktionalitäten, Stories	Funktionierende Software ist wichtiger als allumfängliche Dokumentation
Sprint Planning Meeting II Wie wird was umgesetzt?	**Selected Product Backlog** priorisierte Liste	Zusammenarbeit mit dem Kunden ist wichtiger als Vertragsverhandlungen
Daily Scrum Planung und Koordination der Aktivitäten für den Tag	**Potentially Shippable Product Increment** potenziell benutzbar gelieferte Teile des Gesamtprodukts	Reaktionen auf Veränderungen sind wichtiger als das Befolgen eines Plans
Sprint Review Offizielle Abnahme des Sprints		
Sprint Retrospektive Was lief gut, was noch nicht?	**Sprint Backlog** die Aufgaben am Taskboard visualisiert	

Die Scrum-Prinzipien kurz erläutert

Inspect and adapt: Das Prinzip zielt auf die permanente Verbesserung, im Gegensatz zu einem traditionell durchgeführten Projekt, bei dem „vielleicht" am Ende des Projektes eine Lessons-Learned-Sitzung durchgeführt wird. Das Scrum-Team prüft (Inspect) nach jedem Sprint, wo es steht und was erreicht wurde. Sollte es Dinge geben, die zu verbessern sind, werden augenblicklich Maßnahmen zur Umsetzung vereinbart (Adapt).

Ask the team: Zuerst wird das Team befragt, ob es eine Lösung sieht und welchen Weg es sich vorstellen kann. Das ist zugleich die Arbeitsbasis für selbstorganisierte Teams. Dabei ist die Moderationskunst und Fragetechnik des Scrum Masters gefragt. Er/sie öffnet den Raum – eine sehr anspruchsvolle Aufgabe, um Entscheidungen oder kreative Ideen zu generieren.

Deliver often and early: Ein zentrales Ziel ist es, möglichst früh Software bzw. Arbeitsergebnisse an den Kunden zu liefern, die einen Mehrwert für den Auftraggeber/Anwender liefern. Es werden Feedback-Schleifen implementiert, die möglichst kurze Rückmeldungen der Anwender und des Kunden ermöglichen.

Abbildung 4: Der Scrum-Arbeitsprozess

Treat people as adults: Alle Anwender, Stakeholder auf Kundenseite sowie alle Beteiligten am Projekt sind Experten auf ihrem Gebiet. Wertschätzung, Respekt und Verantwortung sind die zentralen Werte, nach denen gehandelt wird.

Die Vorteile der agilen Methoden gegenüber den herkömmlichen Ansätzen aus dem Management:

- produktivere Teams und zufriedenere MitarbeiterInnen
- zufriedene Kunden/User durch frühzeitiges aktives Einbinden
- Transparenz für alle Beteiligten
- kontinuierliches Anpassen an Veränderungen und Kundenpräferenzen
- Minimieren von überflüssigen Meetings, Planungen und übermäßiger Dokumentation
- Reduktion von qualitativen Mängeln und Produktmerkmalen von geringem Mehrwert
- Produkte und neue Funktionen kommen schneller, planbarer und mit niedrigerem Risiko auf den Markt
- gleichberechtigte Teammitglieder mit unterschiedlichen Disziplinen und Erfahrungshintergrund
- gestärkte Zusammenarbeit
- Konzentration auf die wertschöpfenden Aufgaben statt Mikromanagement
- Hindernisse überwinden oder beseitigen, Innovationen fördern

2 Agil führen

Agil führen heißt, sich immer wieder auf neue Rahmenbedingungen einzustellen, neu zu bewerten, auszuloten und zu agieren. Um langfristig Erfolg zu haben, wird die Unternehmenskultur – mit den gelebten Werten – stärker in den Fokus rücken. Die MitarbeiterInnen werden beteiligt und ihre Bedürfnisse integriert. Die agile Führung stellt das Team in den Mittelpunkt – kreative Teams, die schnell und eigenverantwortlich handeln, ohne dabei den/die einzelne MitarbeiterIn aus dem Fokus zu verlieren. Bürokratie war gestern, langwierige Prozesse, die von einer Person gemanagt werden, ebenso.

2.1 Agil führen – darum geht es

Deshalb steht für die Führungskraft die eigene Persönlichkeitsentwicklung an erster Stelle. Reflektiert erarbeitet sie mit dem Team die gemeinsamen Rahmenbedingungen und unterstützt die einzelnen MitarbeiterInnen, ihre Potenziale zu entfalten. Worauf kommt es dabei an?

> **Wir haben nachgefragt: Was versteht Ihr unter agilem Führen?**
>
> *„Agil führen bedeutet für mich, auch Neues auszuprobieren. Sich mit dem Team gemeinsam an neue Themen heranwagen und mehr mit Rat und Tat zur Seite zu stehen als bei Themen, die schon zum Alltag gehören. Die Methoden der Führung zu wechseln und auszuprobieren. Zum Beispiel: Auch mal das Team entscheiden zu lassen und dessen Weg zu probieren. Oder es selbst Wege erarbeiten zu lassen bzw. Denkansätze der Teammitglieder zu fördern, anstatt immer gleich die Antwort vorzugeben."*
>
> *„Zu akzeptieren, dass sich Bedingungen und ggf. Ziele verändern, und zeitnah die Führungsrichtung und den -stil zu verändern."*

> *„Konkret auf das ‚agile' Führen würde ich noch hervorheben, dass Führung ein Umfeld schaffen muss, in dem Experimente eine normale und geförderte Routine sind. Dazu gehört natürlich auch, dass Misserfolge als Lernchance gewürdigt werden – immer unter der Voraussetzung, dass die Experimente nach sauberer Methodik erfolgen, was wiederum entsprechendes Training und Coaching voraussetzt.“*
>
> *„Da bei der Agilität die Selbstverantwortung und der Mensch im Mittelpunkt stehen, betrachte ich agiles Führen als eine sehr menschliche Kompetenz. Als agiler Leader würde ich mich letztlich hauptsächlich in der Rolle als Coach sehen.“*
>
> *„Mit Unsicherheit, Veränderung und Ungewissheit umgehen und sich schnell auf geänderte Rahmenbedingungen einstellen – sowohl persönlich als auch in Richtung Mitarbeiter und Steuerung.“*
>
> *„Wenn man mit gegebenem Team, Mitteln, Ideen etc. auf das bestmögliche Ergebnis kommt – und das natürlich effektiv und effizient.“*
>
> Befragt haben wir angehende und sehr erfahrene Führungskräfte aus der freien Wirtschaft – männlich wie weiblich (Auszüge).

Die Aussagen zeigen: Führung wird indirekter. Überlassen Sie das Denken nicht länger dem Management, lassen Sie die MitarbeiterInnen an der Führung partizipieren. So fördern Sie ein offenes und motivierendes Miteinander und nutzen die kollektive Intelligenz aller.

Weniger ist mehr

„Michelangelo“ Buonarroti war ein italienischer Maler, Bildhauer, Architekt und Dichter. Auf die Frage, wie er den David (eine Skulptur) erschaffen hat, soll er so geantwortet haben: „Ich habe einfach nur alles entfernt, was nicht nach David aussah.“ In der Theologie wird dieses Vorgehen auch als Via negativa bezeichnet: der Weg des Verzichts und die Reduktion auf ein Minimum. Das Prinzip war schon den alten Römern bekannt und beschreibt gut, was unter Agilität zu verstehen ist (siehe auch Dobelli „Die Kunst des klugen Handelns“). Ohne genau zu wissen, wie wir in einer herausfordernden Situation optimal reagieren, können wir mit diesem Vorgehen förderlich handeln.

Prinzipien statt Regeln

Vielleicht erinnern Sie sich noch an die Führerscheinprüfung und an die vielen, bis dahin unbekannten Verkehrsschilder und Regeln für den Straßenverkehr. Diese Regeln werden von einer übergeordneten Stelle oder Autorität vorgegeben und sollen befolgt werden. Das schafft in komplexen Situationen Sicherheit, kann aber auch ein kontextfernes und paradoxes Verhalten erzwingen.

Regeln benötigen wir für bekannte Probleme. Prinzipien schaffen Sicherheit, erlauben komplexes Verhalten, sind für die Lösung bekannter und neuer, überraschender Probleme geeignet. Ein Beispiel dafür liefert das agile Manifest mit seinen zwölf Prinzipien, das im Jahr 2001 im Rahmen der Software-Entwicklung entstand:

Das agile Manifest

1. Stellen Sie den Kunden durch frühe und kontinuierliche Lieferung funktionierender Software zufrieden.
2. Die Anforderungen an Software können sich während des Entwicklungsprozesses verändern. Nutzen Sie das Feedback des Kunden, um die Qualität des Produkts zu verbessern.
3. Liefern Sie funktionierende Produkte in kurzen Zeitabständen aus.
4. Fachexperten und Entwickler arbeiten während des Projektes täglich zusammen.
5. Entwicklerteams brauchen ein unterstützendes und vertrauensvolles Umfeld, in dem sie das Projekt realisieren können.
6. Informationen an und innerhalb des Entwicklungsteams werden von Angesicht zu Angesicht kommuniziert. Das ist effizient und effektiv.
7. Funktionierende Software ist das wichtigste Erfolgsmaß.
8. Agile Prozesse fördern nachhaltige Entwicklung.
9. Technische Exzellenz und gutes Design fördern Agilität.
10. Identifizieren Sie überflüssige Arbeiten und machen Sie sie nicht.
11. Selbstorganisierte Teams finden die besten Architekturen, Anforderungen und Entwürfe.
12. Das Team reflektiert regelmäßig, wie es effektiver werden kann, und passt sein Verhalten entsprechend an.

Klare Strukturen gestalten

Im Management wird oftmals noch mit herkömmlichen Methoden in funktionalen Silos gearbeitet. Dadurch ist es zu langsam, produziert zu viele Berichte, langatmige Meetings, unmotivierte ManagerInnen. Gestalten Sie deshalb eine klare Struktur, die einen Rahmen vorgibt, in dem sich die Beteiligten bewegen können. Die Struktur orientiert sich an folgenden Leitgedanken:

- Rahmenbedingungen und Prinzipien vs. „Bürokratie"
- strukturierter Austausch statt langweiliger Meetings
- selbstorganisierte Teams statt großer Abteilungen
- einfache und kurze Entscheidungswege statt unklarer und vieler Entscheidungswege
- Wissen teilen statt zentralem Expertentum
- hoch qualifizierte und motivierte MitarbeiterInnen statt „Dienst nach Vorschrift"
- eine gesunde Fehlerkultur
- Transparenz und Informationen
- Führungskräfte als Dienstleister statt fachliche Experten in der Führung

Als „agiles Führungsteam" zusammenwachsen

Lernen, erleben und meistern Sie diese Herausforderungen gemeinsam im Führungsteam. Schaffen Sie Transparenz, visualisieren Sie gemeinsam Ihre Aktivitäten auf einem Kanban-Board. Treffen Sie sich regelmäßig zu kurzen „Dailys". Seien Sie selbst das Vor-Bild für Agilität. Denken Sie in Netzstrukturen statt in Hierarchien, das heißt konkret:

- Setzen Sie auf allen Hierarchieebenen die gleichen Prioritäten und halten Sie diese auch ein.
- Lernen Sie gemeinsam zu arbeiten, statt getrennt und nacheinander.
- Klären Sie Rollen und Verantwortlichkeiten: pro Entscheidung ein Verantwortlicher.
- Das Teamergebnis zählt mehr als die Einzelleistungen – konzentrieren Sie sich auf Teams statt auf einzelne Personen.
- Wertschätzen Sie gleichzeitig die Leistungen der einzelnen Teammitglieder.
- Kreieren Sie kooperative, funktionsübergreifende Teams statt Silos, die um Einfluss und Ressourcen konkurrieren.
- Führen Sie mit Fragen und lassen Sie sich vom Ideenreichtum überraschen.
- Stellen Sie das eigene Verhalten infrage und entwickeln Sie ein agiles Mindset.
- Beachten Sie die Grundordnungen (Meta-Prinzipien) sozialer Systeme. Sie gelten für kleine selbstorganisierte Teams genauso wie für die ganze Organisation (Prinzip der zeitlichen Reihen-

So führen und handeln Sie agil.

folge, Zugehörigkcit, höherer Einsatz, Kompetenz und Leistung haben Vorrang. Anerkennen, was ist. Ausgleich von Geben und Nehmen; vgl. Gloger/Rösner: Selbstorganisation braucht Führung, Seite 65 ff.).

Was haben Führungskräfte und MitarbeiterInnen davon?

"Die meisten Automobilhersteller bauen gute Autos. Wir bauen gute Mitarbeiter und die bauen gute Autos."
– Toyota –

Das Unternehmen öffnet sich für neue Ansätze und Einflüsse. Die Stärken des einzelnen Mitarbeiters werden angesprochen und genutzt. Es entsteht eine Arbeitswelt, in der Führugskräfte und MitarbeiterInnen voneinander lernen. Das fördert die Verbundenheit und ein Gefühl der Zugehörigkeit kann entstehen.

> Die Führungskraft fragt nach und nutzt die Potenziale der MitarbeiterInnen, statt eigene Lösungen vorzugeben.
> Die MitarbeiterInnen fühlen sich wertgeschätzt, weil ihre Meinung, ihr Lösungsansatz gefragt ist.
> Die Führungskraft befreit sich vom Druck, auf alle Fragen eine perfekte Antwort haben zu müssen.
> Die MitarbeiterInnen übernehmen Verantwortung.
> Die Führungskraft ist methodischer Coach und Sparringspartner und ermutigt so die Menschen.
> Kontinuierliche Verbesserungen fördern die volle Innovationskraft und das Engagement aller.

Agil führen funktioniert nach dem Grundsatz "Weniger ist mehr". Das heißt für Führungskräfte, ihren MitarbeiterInnen beratend und fragend zur Seite zu stehen, einen guten Rahmen zu schaffen, in dem sich die MitarbeiterInnen entfalten können, und für ein positives Arbeitsklima zu sorgen.

Transferfragen

> Wie genau verhalte ich mich als Führungskraft, damit mein Team eigenverantwortlich handelt?
   ....

> Wie ist meine Bereitschaft, die Selbstverantwortung meiner MitarbeiterInnen anzuerkennen und darauf zu vertrauen? Was tue ich dafür?
   ....

Das Mindset agiler Unternehmen

Die folgende Aufzählung fasst noch einmal die Charakteristika agiler Organisationen zusammen, sie ist weder vollständig noch feststehend. Dabei gilt es zu beachten: Die Haltung der Mitarbeiter macht den Unterschied. Ein klassisch organisiertes Unternehmen, in dem viele Menschen mit agilen Mindsets tätig sind, kann agiler sein als ein Unternehmen, in dem die modernsten Management-Tools installiert sind, die Menschen jedoch mit ihren klassischen Mindsets unterwegs sind (vgl. auch Abb. 5).

> *„Die Illusion, man habe die Vergangenheit verstanden, fördert den Irrglauben, man könne die Zukunft vorhersagen und kontrollieren."*
>
> *– Daniel Kahnemann –*

▶ Sehr flache oder gar keine festen Hierarchien.

▶ Hohe Selbstverantwortung: Teams treffen ihre Entscheidungen selbst und eigenverantwortlich.

▶ Leitungsfunktionen gibt es gar nicht oder nur auf Zeit, das Team entscheidet, ob eine neue Führungsposition entsteht und, wenn ja, bestimmt es seine TeamleiterInnen selbst.

▶ Die Führungsaufgaben werden nach bestimmten Regeln auf mehrere Personen verteilt.

▶ MitarbeiterInnen sind eigenverantwortlich handelnde Experten, die im Sinne des Unternehmens gute und sinnvolle Entscheidungen treffen.

▶ Die Verantwortung haben diejenigen, die das Thema am besten beherrschen.

▶ Die Führungskräfte handeln als ModeratorInnen. Sie setzen auf die kollektive Intelligenz, das Know-how und die Kompetenzen ihrer Teams.

▶ Viele Wege führen zu guten Entscheidungen, das Finden ist demokratisch – vom klassischen Mehrheitsprinzip bis zum konsultativen Einzelentscheid (siehe S. 67).

▶ Alle MitarbeiterInnen haben Einblick in die Kennzahlen des Unternehmens, einschließlich der Gehälter.

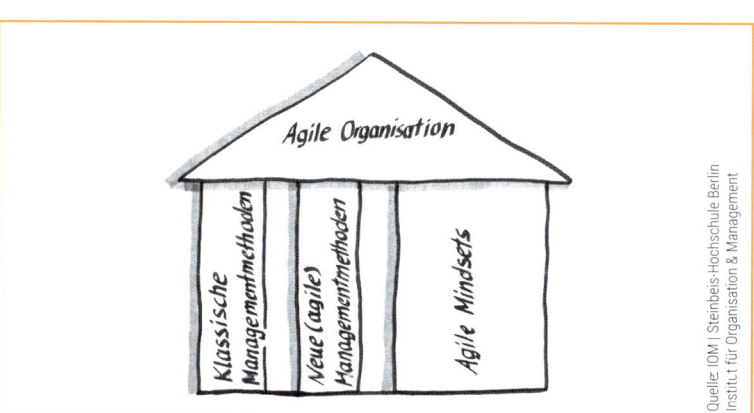

Abbildung 5:
Die drei Säulen agiler Organisationen

Quelle: IOM | Steinbeis-Hochschule Berlin
Institut für Organisation & Management

2.2 Mehr führen, weniger managen

Der Begriff „Führen" leitet sich ursprünglich aus dem Althochdeutschen ab und bedeutet „ins Fahren bringen", nicht ausbremsen, dressieren oder unterdrücken. Wie führen Sie? Autoritär, demokratisch, kooperativ, situativ oder agil?

Wir haben nachgefragt: Was ist für Euch Führung?

„Führung ist für mich, meinen Teammitgliedern einen Rahmen und damit auch Sicherheit zu geben, aber trotzdem Freiheit zur eigenen Entfaltung zu lassen. Ein bisschen vergleichbar wie mit dem Rand eines Schwimmbeckens: Er gibt die Form und die Stabilität für das Wasser und sorgt für den Zusammenhalt. Wenn etwas über den Beckenrand hinausläuft, läuft irgendwas schief. Weiterhin ist Führung für mich eine Vorbildfunktion. Nur das, was ich selbst leiste bzw. bereit bin, zu leisten, kann ich auch von meinen Teamkollegen erwarten. Das fängt bei der offenen und verbindlichen Kommunikation an und hört beim miteinander/füreinander Verantwortung übernehmen auf."

„Die Mitarbeiter von einer Zielrichtung zu überzeugen und beim Erreichen dieses Ziels durch Vorgaben, Vereinbaren und Coaching zu unterstützen."

„Ein ganz wesentlicher Punkt ist für mich erst einmal die Aufgabe, Sinn, Vision und Ziel der Tätigkeit aufzuzeigen und zu inspirieren – sowie Methodenkompetenz zu vermitteln (Verfügbarkeit von Trainings sicherstellen, aber fast wichtiger, die Teammitglieder im täglichen Handeln in den Methoden zu coachen). Dem Team in der taktischen Umsetzung von Zielen die Autonomie und Sicherheit zu geben, ihre Kompetenz, Erfahrung und Kreativität selbstverständlich einsetzen zu können. Regelmäßig am Ort der Tätigkeit zu sein. Dabei aufmerksam zuzuschauen und zuzuhören, Fragen zu stellen und Hilfe anzubieten, wenn nötig. Ein Umfeld von Respekt sicherzustellen. Und bezogen auf alle genannten Punkte: das Handeln authentisch vorzuleben."

„Führung bedeutet für mich, wertschätzend in die richtige Richtung gelenkt zu werden und einen Ansprechpartner für Hilfestellungen zu bekommen."

„Das Visionäre, was zusätzlich zum reinen Management den Unterschied ausmacht."

> *„Die Meinungen und Ideen aller hören und all jene auswählen, die am besten zu dem übergeordneten Ziel/Zweck passen."*
>
> Befragt haben wir angehende und sehr erfahrene Führungskräfte aus der freien Wirtschaft – männlich wie weiblich (Auszüge).

Führen in neuen Arbeitswelten braucht beides: Management und Leadership

Es geht es nicht darum, bewährte Management-Methoden über Bord zu werfen. Es gibt durchaus Unternehmensbereiche und Aufgaben, die mit traditionellen Ansätzen sehr gut zu führen sind. Es kommen allerdings immer mehr Bereiche hinzu, die eine andere, eine agile Führung erfordern. Auch agile Organisationen brauchen daher – genauso wie traditionelle Unternehmen – den richtigen Mix aus gutem Management *und* guter Führung bzw. Leadership (siehe Abb. 6).

Der eigene Führungsstil bzw. die Werkzeuge, die eine Führungskraft anwendet, sind allerdings nur so gut, wie sie mit der entsprechenden inneren Haltung (siehe S. 90 ff.) gelebt werden. Mit welcher Haltung führen Sie das Mitarbeitergespräch? Als Vor-Gesetzter? Auf Augenhöhe? Was denken Sie über Ihren Gesprächspartner?

Abbildung 6: Unternehmen brauchen Management und Leadership

Die beiden Management-Gurus Fredmund Malik und Peter Drucker haben viele Jahre von den Managern gefordert, die gestaltende Kraft im Unternehmen und auch in der Gesellschaft zu sein. Diese Management-Ansätze, die sich bewährt haben, sind auf Effizienz und Excellence ausgerichtet. Die neuen agilen Ansätze sind auf Geschwindigkeit und Innovation ausgerichtet. Die Globalisierung lässt alte Wettbewerbsvorteile schwinden, es drängen unzählige neue Unternehmen in den Markt (Spotify, airbnb, barco, mymuesli, brands4friends, groupon, trivago, Freeletics, Auto1, Zalando, Kiwi.ki ...).

Abbildung 7:
Die Management-/
Führungsmatrix

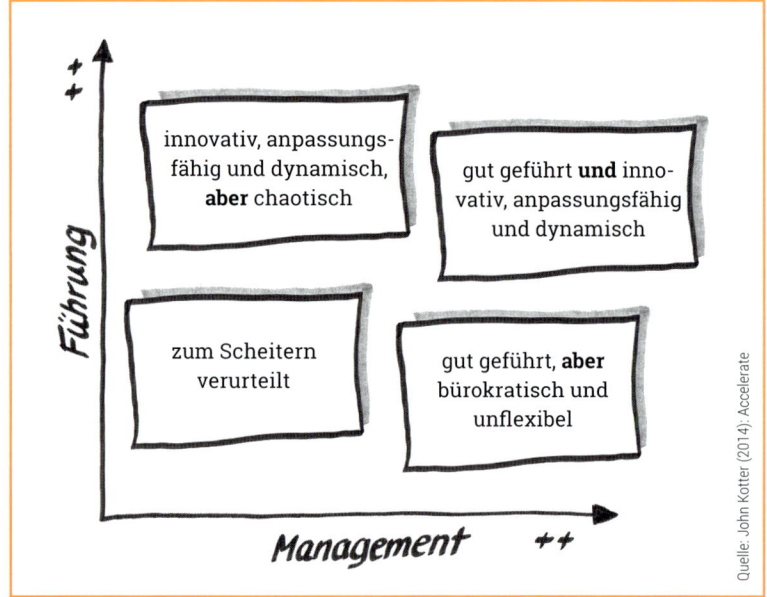

Quelle: John Kotter (2014): Accelerate

In vielen reifen und größeren Organisationen findet zwar ausreichend Management statt, aber zu wenig echte Führung bzw. Leadership (siehe Abb. 7). Die MitarbeiterInnen werden zu wenig berücksichtigt. Das funktioniert so lange gut, wie der Veränderungs- und Wettbewerbsdruck niedrig ist. Eine Vision, hohe Energie, ein flaches Netzwerk, Kommunikation ohne Silos können eine Organisation schnell und agil machen.

2.2.1 Management

Die Begriffe Management (oder auch Steuerung) und Führung werden oft synonym verwendet. Das führt immer wieder zu einem Dilemma. Denn das Management steuert mit formaler Macht (über das Organigramm) und gibt Handlungsanweisungen. Führung hingegen ist ein soziales Phänomen, das aus Freiwilligkeit und „Gefolgschaft" entsteht und in hierarchiefreien Gruppen immer wieder wechseln kann.

Der Begriff des Managers wurde erstmals 1870 in England benutzt als Bezeichnung für Zirkusdirektoren, die in der Manege managen. Manager ist abgeleitet von „manus" (lateinisch), die Hand und von „managiare" (italienisch) handhaben.

Management schafft Stabilität und Effizienz, die für einen zuverlässigen Betrieb von modernen Unternehmen notwendig sind. Struktur und Planbarkeit sind die Schlüsselbegriffe. Dazu gehören Termine, Kosten und die Qualität, um definierte Ziele und Leistungen zu erreichen. Damit erweckt es bei den MitarbeiterInnen allerdings oft das Gefühl, „kontrolliert" zu werden.

Management schafft Struktur und Planbarkeit.

Bisher wurde vor allem die Arbeit kontrolliert, doch heute geht es vielmehr um die Kontrolle der Ergebnisse. Das ist ein großer Unterschied. Die Führungskräfte geben übergeordnete Ziele oder Problemstellungen vor. Die MitarbeiterInnen und Teams erhalten die Kompetenzen und Freiräume, damit sie selbststeuernd arbeiten können. Dies wird auch als transaktionale Führung bezeichnet. Die Führungskräfte moderieren die Teamprozesse. Die Detailsteuerung liegt in den Teams. Wichtig ist aber nach wie vor der Vergleich von den angestrebten Zielen und den Ergebnissen.

Transaktional führen

Führungskräfte, die nach dem transaktionalen Modell führen, motivieren ihre Mitarbeiter in erster Linie durch das Klären von Zielen und Aufgaben sowie die Delegation von Verantwortung. Gleichzeitig kontrollieren sie die Leistung, belohnen mit materiellen und immateriellen Vorteilen und sanktionieren unerwünschtes Verhalten durch Kritik und Feedback. Es ist ein eher sachliches Austauschverhältnis (daher: Transaktion) zwischen der Leistung des Mitarbeiters und der Reaktion des Vorgesetzten darauf (Bezahlung, Lob und Tadel). (Vgl. Wikipedia: Download 04.10.2016)

Transaktionale Führung bezieht sich also auf eine Austauschbeziehung zwischen der Führungskraft und den MitarbeiterInnen in der Art und Weise, dass MitarbeiterInnen Belohnungen erhalten, wenn sie den Erwartungen der Führungskraft entsprechen. Das Konzept Management by Objectives, das Führen mit Zielen, gehört hierzu.

2.2.2 Leadership

Leadership bedeutet ganz einfach Führung: motivieren, inspirieren, Menschen und Organisationen in die Zukunft führen. Ein Leader ist nicht nur eine Führungsperson, sondern eine Führungspersönlichkeit. Deren Führungsstil beruht weniger auf einem ausgehandelten Arrangement der Spielregeln zwischen ihr und den MitarbeiterInnen, ihr gelingt vielmehr der Schritt von der transaktionalen zur transformationalen Führung.

Transferfragen

> Wie viel Zeit verwende ich für die Mitarbeiterführung?

....

> Wie stark bin ich in das operative Geschäft eingebunden?

....

> Wie sieht für mich der ideale Führungsalltag aus?

....

Transformational führen

„Die wertvollste Investition überhaupt ist die in Menschen."
– Jean Jacques Rousseau –

Transformare heißt umformen, umgestalten. Die Theorie zur transformationalen Führung wird seit Mitte der 1990er-Jahre verstärkt in der Wissenschaft untersucht. Der Begriff bezeichnet ein Führungsmodell, bei dem „die Geführten" Vertrauen, Respekt, Loyalität und Bewunderung gegenüber der Führungskraft empfinden und dadurch überdurchschnittliche Leistungen erbringen. Zu den Menschen, die transformational führen oder geführt haben, gehören u.a. Steve Jobs, J. F. Kennedy, Jürgen Klopp, Johanna von Orleans.

Transaktionale und transformationale Führung sind nicht als Gegensätze zu verstehen. Sie können in den Verhaltensweisen ein und derselben Führungskraft gleichzeitig auftreten. Die transaktionale Führung bildet die Basis für eine weitergehende transformationale Führung (lt. Bernard M. Bass).

Transformationale bzw. transformierende Führer aktivieren die intrinsische Motivation, vermitteln attraktive Visionen, kommunizieren Wege zur Zielerreichung, sind Vorbild und fördern die individuelle Entwicklung der MitarbeiterInnen durch

▶ **idealisierten Einfluss**: Die Führungskraft wird als integer und glaubwürdig wahrgenommen. Sie dient den MitarbeiterInnen als Vorbild, an dem sie sich menschlich und fachlich orientieren.

▶ **inspirative Führung**: Mit einer inspirierenden Vision versuchen transformational Führende, die intrinsische Motivation ihrer MitarbeiterInnen zu steigern. Sie vermitteln Sinn und Bedeutung und machen damit deutlich, wofür es sich lohnt, Zeit und Energie zu investieren.

▶ **intellektuelle Inspiration**: Die Führungskraft versucht, die kreativen und innovativen Fähigkeiten ihrer MitarbeiterInnen anzuregen, sodass diese sich im positiven Sinne herausgefordert fühlen, Unternehmensprozesse zu hinterfragen und zu optimieren.

▶ **individuelle Beachtung**: Die Führungskraft als Coach geht auf die individuellen Bedürfnisse ihrer MitarbeiterInnen ein und entwickelt gezielt deren Fähigkeiten und Stärken. Dabei gelingt es ihr in besonderem Maße, die individuellen Bedürfnisse zu erkennen, Motive zu wecken und Selbstvertrauen zu entwickeln.

Visionen aufzeigen	Vorbild sein	Gruppenziele fördern
Verhalten der Führungskraft, das darauf abzielt, neue Möglichkeiten für die Gruppe/Abteilung/Organisation zu finden sowie Zukunftsvisionen zu entwickeln, diese aufzuzeigen und andere dafür zu begeistern.	Vorbildliches Verhalten, das mit den Werten konsistent ist, für welche die Führungskraft eintritt.	Verhalten, das darauf abzielt, die Zusammenarbeit unter den Mitarbeitern zu unterstützen und sie dazu zu bringen, für ein gemeinsames Ziel zu arbeiten.
Hohe Leistungserwartung	**Individuelle Unterstützung**	**Geistige Anregung**
Verhalten, das die hohen Erwartungen der Führungskraft, bezogen auf die Qualität und hohen Leistungen, gegenüber den Mitarbeitern zum Ausdruck bringt.	Verhalten der Führungskraft, das den Respekt für die Mitarbeiter und deren persönliche Gefühle zum Ausdruck bringt.	Verhalten, das die Mitarbeiter dazu herausfordert, ihre Annahmen bezüglich der Arbeit und deren Bewältigung zu überdenken.

Abb. 8: Erfolgsfaktoren für transformationale Führung

Transformationale Führung steht in einem positiven Zusammenhang mit der Zufriedenheit der MitarbeiterInnen, deren Commitment, deren Vertrauen in die eigene Leistungsfähigkeit sowie deren Bereitschaft, sich in einem Ausmaß für das Unternehmen zu engagieren, das deutlich über das im Arbeitsvertrag Definierte hinausgeht (siehe Abb. 8).

Flexibel & situativ führen

Auch das Modell der situativen Führung liefert für das agile Führen hilfreiche Impulse. Gerade in komplexen Situationen befinden sich die Teammitglieder immer wieder außerhalb ihrer Komfortzone. Sie sind permanent gefordert, sich auf Neues einzustellen. Das Modell der situativen Führung ist sehr flexibel, weil es die Reife einzelner MitarbeiterInnen nicht pauschal festlegt, sondern die Reife von Aufgabe zu Aufgabe unterscheidet. Dabei werden zwei Dimensionen betrachtet: das Wollen und das Können. Der Führungsstil passt sich situativ dem jeweiligen Entwicklungsstand in Bezug auf die Aufgabe des Mitarbeiters an – er ist entweder mehr aufgaben- oder mehr mitarbeiterorientiert (siehe Abb. 9).

Abbildung 9: Grundtypen Reifegrad und Führungsstile

Geringe Reife: hohes Engagement, noch wenig Kompetenz (Absolvent oder Junior-ProjektmitarbeiterIn)
> **Dirigieren, strukturieren und kontrollieren Sie:** Geben Sie ganz genaue Anweisungen und überprüfen Sie die Umsetzung der Aufgabe.

Mäßige Reife: schwankendes Engagement und mäßige Kompetenz (Dienst nach Vorschrift)
> **Lenken, dirigieren und argumentieren Sie:** Lenken und überwachen Sie die Durchführung der Aufgaben. Überzeugen Sie den/die MitarbeiterIn von gewählten Entscheidungen, erklären Sie Hintergründe, fordern Sie Vorschläge ein und unterstützen Sie die Fortschritte.

Mittlere Reife: schwankendes Engagement und hohe Kompetenz (Projektmitglieder, die auch außerhalb des Projektes stark gefordert sind, z. B. in einer Linienfunktion)
> **Anerkennen, zuhören, fördern Sie:** Unterstützen Sie Ihre MitarbeiterInnen beim Erledigen der Aufgaben und teilen Sie die Verantwortung für zu fällende Entscheidungen.

> **Hohe Reife:** hohes Engagement, hohe Kompetenz
> (Experte, Freelancer, Senior-ProjektmanagerIn)
> ▷ **Delegieren Sie und geben Sie Handlungsspielraum:** Übertragen
>   Sie dem/der MitarbeiterIn die Aufgabe einschließlich der Entschei-
>   dungen, Verantwortung und Wege der Umsetzung.

Führen erfordert vor allem soziales Denken, Entscheidungsfähigkeit,
Flexibilität und Vorstellungskraft. Sie brauchen Gefühl für Zeit und Moment, Vielseitigkeit und Entschlossenheit. Führen bedeutet, Impulse
in eine bestimmte und gewollte Richtung und zum genau passenden
Zeitpunkt zu initiieren – ganz wie beim Tanzen. Erfolgreiche Führung
bedeutet einfach mehr Menschlichkeit. Diese menschliche Reife spielt
eine fundamentale Rolle in der Arbeit im Team und ist für erfolgreiche
Führungsprozesse entscheidend.

„Führung erkennt man am Handeln,
nicht an der Hierarchie."

– Nico Rose –

2.3 Hierarchie versus Netzwerk

John Kotter spricht von zwei Betriebssystemen in Unternehmen: von Stabilität und Agilität bzw. von Hierarchien und Netzwerken. Und er sagt: Eine Organisation braucht beides (siehe Abb. 10).

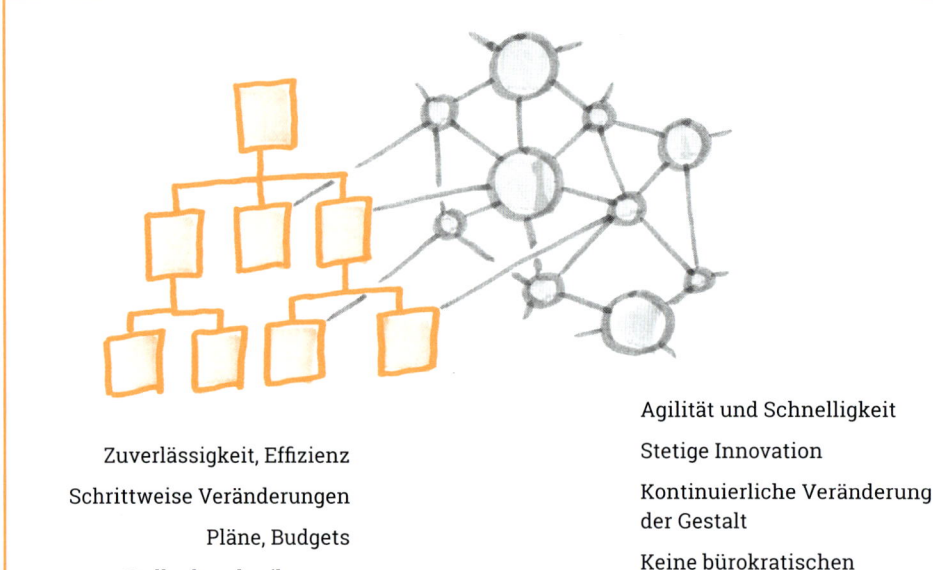

Zuverlässigkeit, Effizienz

Schrittweise Veränderungen

Pläne, Budgets

Stellenbeschreibungen

Kennzahlen

Agilität und Schnelligkeit

Stetige Innovation

Kontinuierliche Veränderung der Gestalt

Keine bürokratischen Kontrollstrukturen

Abbildung 10: Das duale Betriebssystem aus Agilität und Stabilität

Der Zweck dieses dualen Systems dient weniger der Optimierung des Managements als vielmehr der Durchführung strategischer Initiativen mit dem Ziel, große Chancen optimal zu nutzen und großen Gefahren auszuweichen. Nach diesem System agieren Unternehmen, die sich in einer dynamischen Wachstumsphase (z. B. von der Pionierphase in die Differenzierungsphase) befinden, meist unbewusst. Starke menschliche Beziehungen zwischen Hierarchie und Netzwerk sind die Voraussetzung und halten die beiden fest zusammen. Oder anders formuliert: In einem effizienten, agilen und vor allem schnellen Unternehmen ist das Netzwerk eng mit der traditionellen Struktur verflochten. Das Führungsteam unterstützt und stellt sicher, dass beide Systeme aufeinander abgestimmt sind (siehe Abb. 11).

Managementgesteuerte Hierarchie	Strategie-Beschleunigungs- netzwerk
– Zuverlässigkeit und Effizienz	– imitiert erfolgreiche Unternehmen in der Gründungsphase
– kurzfristige operative Ziele	– Agilität und Schnelligkeit
– schrittweise bzw. vorhersehbare Veränderung	– Sprung in die Zukunft
– Fokussierung auf den operativen Bereich, Routinetätigkeiten (IT-Anpassungen), Umsetzung von strategischen Initiativen, Effizienzsteigerungen	– Struktur ist dynamisch, stetige Innovation
	– entlastet die Hierarchie: schwierige Veränderungen, große strategische Initiativen, Innovationen werden in die Netzwerke verlagert
– Management-Tools: Pläne/Budgets, Stellenbeschreibungen, Vergütung, Kennzahlen, Problemlösung	– Führungsentwicklung

Abbildung 11: Die Struktur des dualen Betriebssystems

Das Herzstück einer jeden erfolgreichen Hierarchie ist kompetentes Management. Ein Netzwerk hingegen benötigt ein hohes Maß an Führung. Hier geht es um Visionen, Chancen und Agilität. Es geht darum, aus Überzeugung zu handeln und Erfolge zu feiern.

Hierarchie braucht Management, Netzwerke brauchen Führung.

Beide, Hierarchie und Netzwerk, bilden ein System, im dem ein kontinuierlicher Austausch von Informationen und Aktivitäten stattfinden sollte. Dieser Ansatz funktioniert deshalb, weil die MitarbeiterInnen selbst aus der Hierarchie kommen und weiterhin dort arbeiten. Es handelt sich gerade nicht um zwei voneinander isolierte Super-Silos.

Machthierarchie versus natürlicher Hierarchie

In selbst geführten Organisationen gibt es keine Machthierarchien mehr, sondern es entstehen viele natürliche, gesunde Hierarchien. Nicht alle sind gleich. Unterschiedliche Kompetenzen und die fachliche Expertise lassen spontane und natürliche Hierarchien entstehen. MitarbeiterInnen erlangen Anerkennung und üben Einfluss über ihre besonderen Fähigkeiten aus, wie z. B. hohe Detailkenntnisse, Disziplin, Analyse- und Abstraktionsvermögen. Andere zeichnen sich durch Spontanität, Ideenvielfalt, Durchhalte- und Durchsetzungsvermögen sowie Erfolgsstreben aus. Wiederum andere überzeugen mit einer hohen Intuition, Werte- und Sinnorientierung, Kontaktfreude, Empathie, Menschlichkeit und sozialem Empfinden.

Übrigens: Entscheidungshierarchien wird es nach wie vor geben. Das Hierarchiedenken wird allerdings immer weniger werden, die Kommunikationsprozesse und Interaktionen in der Organisation werden sich davon lösen.

Flache Hierarchien

Flache Hierarchien kommen längst nicht mehr nur in schnelllebigen Start-ups zum Einsatz. Immer mehr Traditionsunternehmen und Global Player setzen auf diese Firmenstruktur – und das nicht ohne Grund. Durch den Wegfall steiler Hierarchien profitieren im Grunde genommen alle. Die MitarbeiterInnen, weil sie verantwortungsvoller wie selbstbestimmter arbeiten und sich entfalten können. Die Führungskräfte, weil ihr Unternehmen schneller und flexibler auf neue Situationen reagieren kann. Die gesteigerte Zufriedenheit in Kombination mit mehr Motivation kommt allen zugute. Es ist also durchaus sinnvoll, über einen entsprechenden Wandel frühzeitig nachzudenken. Der kann Step by Step erfolgen.

> ▶ Unternehmen, die es bereits anders machen, sind: Cocomin, W. L. Gore & Associations, die Südostbayernbahn, allsafe Jungfalk, Morning Star Kalifornien, Saint-Gobain Performance Plastics Rencol Bristol, Sparda Bank München, Upstalsbooms, Unilever u.v.m.
> ▶ Und das haben sich diese Firmen auf die Fahne geschrieben: Mut statt Macht, Diversity statt Einförmigkeit, Gremien statt Geschäftsführer, Begeisterung statt BWL-Tools, Coachen statt Anweisen, Beziehungen statt Organigramme, Trial and Error statt Perfektionsplanung, Achtsamkeit statt Autorität.

An dieser Stelle möchten wir Ihnen den Film Musterbrecher empfehlen. Sie finden auf YouTube eine 28-Minuten-Version. Oder Sie kaufen sich den 90-Minuten-Film.

2.4 Funktion und Rollen in der Führung

„Wer bin ich und wenn ja, wie viele?", fragt der Philosoph Richard David Precht in seinem bekannten Bestseller. Und diese Frage stellen sich zurecht auch viele Führungskräfte. Bin ich Chef? Koordinator? Moderator? Präsentator? Verhandlungsführer? Konfliktmanager? Berater? Coach? Sie haben es in jedem Fall mit einer Rollenvielfalt zu tun, die eine ganz besondere Kombination von Kompetenzen und dazugehörigen Soft Skills von Ihnen als Führungskraft verlangt. Die Anforderungen an Führungskräfte sind mit den neuen Führungskonzepten gewachsen. Indes ergeben sich daraus auch viele Chancen für persönliches Wachstum (siehe Abb. 12).

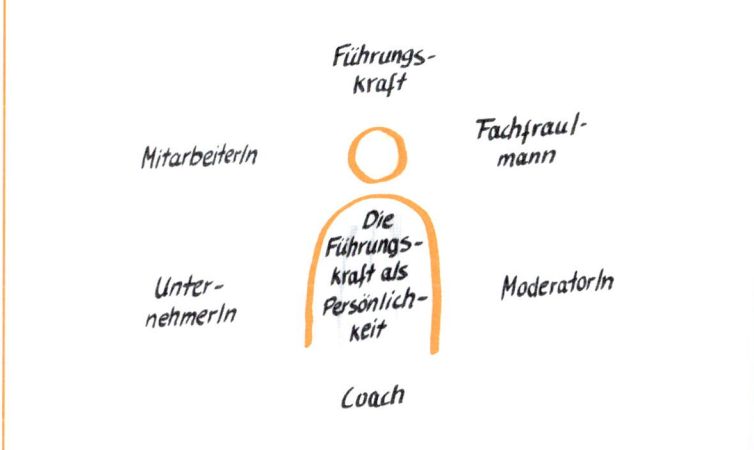

Abbildung 12: Die klassischen Rollen einer Führungskraft und ihre Aufgaben.

Unterscheiden Sie Führungsfunktion versus Expertenfunktion. Als Fachfrau/-mann und Experte bringen Sie Ihr Fachwissen und Ihre Fachkompetenz zur Problemlösung und zur Verbesserung der Abläufe ein. Sie stellen Ihr Wissen und Ihre Erfahrung den MitarbeiterInnen zur Verfügung, um ihnen ein selbstständiges und kompetentes Arbeiten zu ermöglichen. Durch Ihre Erfahrung vermitteln Sie Sicherheit und Routine. Sie sorgen für Effizienz und Effektivität. Als Führungskraft führen Sie Ihre MitarbeiterInnen. Sie sind verantwortlich für das Arbeitsergebnis und die Leistungen in Ihrem Bereich. Sie vereinbaren Ziele und Aufgaben, tragen Entscheidungsverantwortung, planen, organisieren und kontrollieren, stellen die Kommunikation sicher und ergreifen disziplinarische Maßnahmen. Als ModeratorIn fördern Sie das

Führungs- versus Expertenfunktion

Teamerleben und die Identifikation. Sie ermöglichen Beteiligung, vermitteln, managen Konflikte. Als Coach begleiten Sie bei der Entwicklung des Mitarbeiters und helfen bei der Entfaltung persönlicher Ressourcen. Sie fördern und fordern, beraten, reflektieren und geben Feedback. Als UnternehmerIn haben Sie die gesamte Organisation im Blick, geben Vision und Mission vor. Sie beobachten den Markt und vertreten das Unternehmen nach außen. In Ihrer Funktion als MitarbeiterIn erfüllen Sie vereinbarte Ziele in Zusammenarbeit mit Ihrer Führungskraft.

Voraussetzung für ein gelungenes Rollenmanagement ist die Selbstreflexion. Dabei hilft regelmäßiges Feedback. Denn die eigenen blinden Flecken lassen sich nur schwer erkennen.

Selbstreflexion zum erfolgreichen Rollenmanagement

▶ In welchen Rollen war ich in der Vergangenheit besonders erfolgreich?

....

▶ Welche Rollen habe ich bisher bewusst gestaltet?

....

▶ Welchen Rollen habe ich bisher zu wenig Beachtung geschenkt?

....

▶ Wo erlebe ich die Schnittstelle dieser Rollen?

....

▶ Wie gehe ich damit um?

....

▶ Gibt es MitarbeiterInnen, die mich vornehmlich in nur einer oder zwei Rollen ansprechen oder akzeptieren?

....

▶ Was benötige ich, um mich sicher in allen Rollen zu bewegen?

....

3 Kompetenzen für die Zukunft

Welche Kompetenzen und Eigenschaften brauchen die Führungskräfte von morgen? Was ist wichtig in Zeiten der Veränderung? Oder werden tatsächlich ganz andere Kompetenzen benötigt?

Emotionale Intelligenz als Schlüsselkompetenz der Zukunft

Die Emotionale Intelligenz gehört zu den Schlüsselkompetenzen der Zukunft, kombiniert mit dem Vertrauen in seine Teams. MitarbeiterInnen zu empowern – zu befähigen – ist eine der Führungsaufgaben. Dazu gehört es auch, gute Beziehungen aufzubauen und zu pflegen. In einer gewachsenen Vertrauenskultur und Offenheit können auch kritische Themen besprochen werden. Daran wachsen wir – auch wenn es in diesem Moment vielleicht weh tut oder unangenehm ist. Halten Sie es aus und sehen Sie dies als Ihre Lernchance auf dem Weg zu einer agilen und erfolgreichen Führungskraft.

> **Wir haben nachgefragt: Was erwartet Ihr von einer Führungskraft, einem Manager oder Teamleiter?**
>
> *„Entscheidungen treffen zu können, auch wenn diese manchmal unangenehm sind. Den Spagat zu schaffen zwischen Durchsetzungsvermögen und zugleich auch die Meinung der Teammitglieder anzuhören und gelten zu lassen. Weiterhin erwarte ich von einer Führungskraft, dass sie für die getroffenen Entscheidungen auch die Verantwortung übernimmt – und zwar gleichermaßen für eigene Entscheidungen, Entscheidungen aus dem gesamten Team (Mehrheitsprinzip) als auch von einzelnen Teammitgliedern. Sowohl intern als auch extern. Auch wenn dies oftmals unangenehm sein kann, sich „schützend" vor sein Team zu stellen und innerhalb des Teams Themen zu klären."*
>
> *„Dafür braucht die Führungskraft vor allem ein sehr gutes Selbstmanagement. Sie braucht mentale Stärke, um ihr Leistungsspektrum ungeachtet aller Widrigkeiten und Störungen voll und ganz ausschöpfen zu können. Die Führungskraft sollte zu 100 Prozent Eigenverantwortung tragen. Sie sollte*

Triebkraft sein, Motivator und Kapitän und natürlich ein glänzendes Vorbild. Zugleich sollte die Führungskraft alle notwendigen Kennzahlen im Blick haben, um jederzeit ein sicheres Auftreten zu gewährleisten. Die Führungskraft sollte im Team die gemeinsam gesteckten Ziele erreichen wollen. Die Führungskraft sollte dabei Mitarbeiter fordern und fördern, ihre Stärken positiv herausheben und diese auch, zur Stärkung des Selbstbewusstseins der Mitarbeiter, benennen."

„Klare Ziele, offene Kultur, vereinbarter Handlungsspielraum."

„Konsequentes Vorleben und als Führungskraft dazu beitragen, dass eine Gruppe von Menschen eigene Fähigkeiten, Passion und Kreativität zur Schaffung von (sinnvollem) Wert einsetzen kann. Das ist eine sehr befriedigende Erfahrung aus meiner Sicht."

„Eine Führungsperson ist für mich auch ein Vorbild, verkörpert Werte und steht für diese ein. Sie setzt sich außerdem für ihre Mitarbeiter ein, organisiert das Team und zwar zum Wohle aller. Dabei müssen auch Konfliktherde konstruktiv angesprochen werden."

„Dass sie alle Fähigkeiten mitbringt, Mitarbeiter zu führen."

„Dass er/sie der ‚Führer' aller ist, nah zum Team ist, die Dynamiken versteht und schnelle, unbürokratische Entscheidungen trifft."

Befragt haben wir angehende und sehr erfahrene Führungskräfte aus der freien Wirtschaft – männlich wie weiblich (Auszüge).

Die sozialen, persönlichen und methodischen Kompetenzen, wie Empathie, Flexibilität, Prioritäten setzen, Lösungs- und Entscheidungsprozesse managen, waren schon immer wichtig. Was sich jedoch verändert hat, ist die Tiefe und Ausprägung aufgrund der veränderten Rahmenbedingungen mit immer mehr Informationen und Neuerungen in kürzerer Zeit. Das führt fast zwangsläufig dazu, dass Prozesse und Strategien schneller anzupassen und zu verändern sind – und damit natürlich auch das Arbeitsumfeld. Deshalb ist es wichtig, dass Führungskräfte flexibler auf Situationen reagieren können und einen motivierenden Rahmen für die Zusammenarbeit schaffen.

In jedem vierten Unternehmen nimmt die Bewältigung der Veränderungsprozesse bis zu zehn Prozent der Gesamtarbeitszeit einer Führungskraft in Anspruch. In sechs Prozent der Unternehmen wenden

In Sachen Change-Management gibt es viel zu tun.

Führungskräfte sogar 61 bis 80 Prozent ihrer Tätigkeit für Change-Aufgaben auf. Dafür sind eine hohe Veränderungsbereitschaft, strategisches Denken und vor allem eine ausgeprägte Kommunikationsfähigkeit erforderlich. (Quelle: Untersuchung: „Lohnt sich Führung?", Beratungsgesellschaft Mercer)

Die drei Ebenen der Führungskompetenzen

Die Anforderungen an Führungskräfte auf kognitiver, emotionaler sowie auf Verhaltensebene (siehe Abb. 13) werden sich noch weiter verändern. Um Innovation und Teamwork zu fördern, Expertisen im und außerhalb des Unternehmens zu entwickeln, braucht es ein Zusammenwirken aller drei Ebenen.

„Die Führungskräfte der Zukunft werden versierte konzeptionelle und strategische Denker sein, über absolute Integrität und intellektuelle Offenheit verfügen, neue Wege finden, um Loyalität zu schaffen, zunehmend heterogene und unabhängige Teams führen, die ihnen nicht immer direkt unterstellt sind, und zugunsten der Zusammenarbeit innerhalb und außerhalb der Organisation auf eigene Macht(-ansprüche) verzichten müssen." (Führungskräfte für eine neue Welt, Leadership 2030, HayGroup)

Abbildung 13: Führungskompetenzen auf den drei Ebenen

Kognitiv	Emotional	Verhalten
– konzeptionelles und strategisches Denken – Komplexität reduzieren – Zusammenhänge erkennen – Wandel gestalten – hierarchiefreies Denken – Offenheit und Neugierde	– Sensibilität für Diversity (Kulturen, Geschlechter, Generationen) – Ethik mit einem hohen Maß an Integrität – Ambiguitäten tolerieren bzw. aushalten	– Kultur des Vertrauens und der Offenheit schaffen und leben – persönliche Loyalitäten schaffen – funktions- und unternehmensübergreifende Zusammenarbeit – heterogene Teams führen

Reflexionsfragen

➤ Wenn ich an mein Arbeitsumfeld denke, welche Kompetenzen sollte ich weiter ausbauen und entwickeln?

………

➤ Was gelingt mir bereits gut?

………

➤ Wo erhalte ich positives Feedback von meinen KollegInnen und/ oder MitarbeiterInnen?

………

➤ Wo gibt es noch Hindernisse? Was fällt mir noch schwer?

………

3.1 Veränderungen und den Change begleiten

„Wichtige Veränderungen werden von vielen Menschen aus allen Bereichen vorangetrieben und nicht nur von den üblichen wenigen ‚Auserwählten'", schreibt John Kotter in seinem Buch Accelerate (vgl. auch Hierarchie & Netzwerk, S. 40 ff.). Um schneller mehr zu erreichen, müssen viel mehr Menschen als je zuvor in strategische Veränderungsvorhaben eingebunden werden. Hier stehen Sie als Führungskraft vor der Herausforderung, MitarbeiterInnen für die Veränderung zu gewinnen. Und dies mit einer Haltung des Wollens und des Dürfens, nicht des Müssens.

Treiber des Wandels zu sein und auch entsprechend handeln zu dürfen, zusammen mit anderen ein gemeinsames Ziel zu erreichen, das gibt Energie. Der Antrieb kommt aus dem Herzen und nicht nur aus dem Kopf. Wecken Sie deshalb den Wunsch bei Ihren MitarbeiterInnen, positive Veränderungen zu unterstützen, um das Unternehmen in eine gute Zukunft zu führen.

Mehr Augen, um zu sehen, mehr Gehirne, um zu denken, mehr Hände, um zu handeln.

Übernehmen Sie die Regie: Welche Spielräume, Möglichkeiten, Ressourcen und Kompetenzen haben Sie, um herausfordernde Situationen erfolgreich zu bewältigen? Praktische Tools wie die 4-Felder-Matrix helfen Ihnen, sich schnell einen Überblick zu verschaffen.

Handout als
Download

Umgang mit herausfordernden Situationen

1. Herausfordernde Situation

....

2. Was soll erreicht werden (Ziel)?

....

3. Brainstorming zu den vier Feldern:

Spielräume	Ressourcen
....	....
Möglichkeiten	**Kompetenzen**
....	....

Tipp

Mit innerer Stärke und einer reflektierten Sichtweise werden Sie schwierige Situationen gut bewältigen. Machen Sie sich deshalb immer wieder Ihre innere Landkarte bewusst – und auch, dass jeder Mensch eine andere hat. Behalten Sie im Blick, was Sie schon alles geschafft haben. Stärken Sie so Ihre persönlichen Ressourcen und damit Ihre Resilienz (Widerstandsfähigkeit).

3.2 Sich selbst führen und managen

Was passiert in herausfordernden Zeiten? Vernachlässigen Sie als Erstes sich selbst bzw. Ihre Bedürfnisse? Das sieht dann häufig so aus: Gegessen wird am Arbeitsplatz, Sport und Bewegung entfallen, der Schlaf leidet. Einige Zeit geht das in der Regel gut. Doch irgendwann – oft schleichend – verringert sich die Leistungsfähigkeit, die Motivation lässt nach und wir haben das Gefühl, dass irgendetwas nicht mehr passt. Als Nächstes vernachlässigen wir die Mitarbeiterführung, nehmen uns weniger Zeit für Gespräche und Beziehungen. Stattdessen stürzen wir uns ins operative Geschäft. Es werden Brände gelöscht, statt strukturiert und vorausschauend zu handeln.

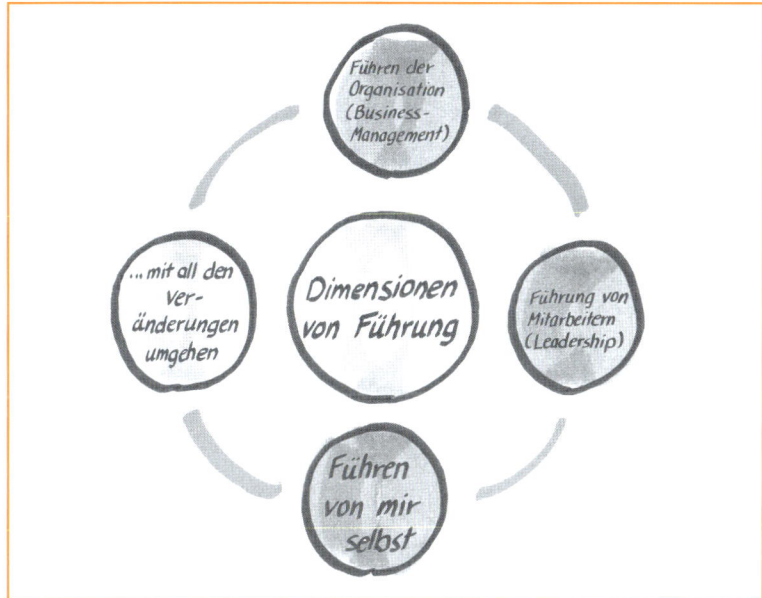

Abbildung 14:
Die Dimensionen von
Führung

Achten Sie darauf, dass Sie die Dimensionen der Führung (siehe Abb. 14) in einer guten Balance halten. Das heißt nicht, dass alles immer im Gleichgewicht sein muss. Es geht vielmehr um eine dynamische Balance, in der immer wieder neu justiert wird. Was ist jetzt wichtig für eine gute Zukunft? Wo kann ich mit einer guten Hebelwirkung ansetzen? Wie kann ich innerhalb der Organisation mitgestalten und mein Team entwickeln? Und natürlich: Wie gehe ich mit mir selbst um, damit ich Energie für meine Führungsaufgabe habe? Im Kapitel „Empowern Sie sich selbst" ab S. 78 finden Sie viele methodische Herangehensweisen, um mit und an sich selbst zu arbeiten. Denn: Führung beginnt bei sich selbst.

Führung setzt erfolgreiche Selbstführung voraus

Mit der Digitalisierung der Arbeitswelt verschwinden auch die Grenzen zwischen Beruf und Privatleben zunehmend. Viele Menschen sehen darin Fluch und Segen zugleich. Man ist „always on" und gleichzeitig wächst das Bedürfnis nach Ruhe und Erholung. Durch digitale Tools nimmt die Flexibilität des Arbeitsplatzortes weiter zu. Es kann zu jeder Tages- und Nachtzeit gearbeitet werden. Deshalb ist es wichtig, seine persönlichen Grenzen wahrzunehmen und diese zu kommunizieren. Dies gilt für Sie persönlich, aber ebenso für Ihre MitarbeiterInnen, für die Sie als Führungskraft Verantwortung tragen.

Vorsicht vor Selbstausbeutung! Selbstverantwortung und Selbstmanagement sind hierfür zentrale Fähigkeiten. Gerade wenn der Job besonders viel Spaß macht und weniger als „Arbeit" gesehen wird, lauert ein Risiko namens Selbstausbeutung. Was für viele Selbstständige eine tägliche Herausforderung ist, kann auch für Hochleistungsteams eine Falle werden. Sich immer wieder Auszeiten und Möglichkeiten zum Auftanken zu geben, gehört zu einem gesunden Selbstmanagement.

Trainings in den Bereichen Selbst- und Stressmanagement, Resilienz und Gesunde Führung sind sowohl für Führungskräfte als auch für MitarbeiterInnen – egal ob jünger oder älter – eine gute Möglichkeit, um zu lernen, gut für sich selbst zu sorgen. Damit werden die Arbeitskraft und die Leistungsfähigkeit erhalten, Eigenverantwortung gestärkt und Gesundheit gefördert. Mit Blick in Richtung demografischer Wandel und Renteneintrittsalter erkennen die Unternehmen auch zunehmend, dass dies eine gute Investition ist.

Zu einer guten Selbstführung gehört ein gutes Energiemanagement. Achten Sie auf Ihre persönlichen Ressourcen. Gehen Sie verantwortungsvoll mit der Entgrenzung der Arbeit um. Kultivieren Sie eine positive und wertschätzende Haltung sich selbst gegenüber.

Reflexionsfragen

➤ Wie vital fühle ich mich im Moment?

....

➤ Was sind meine Energiequellen und Energieräuber?

....

➤ Wie tanke ich auf?

....

➤ Wie achte ich auf einen guten Ausgleich zu meinem Beruf?

....

➤ Wann gönne ich mir ruhige Momente?

....

➤ Welche „Hot Spots" habe ich und wie kann ich diese verändern?

....

➤ Was schützt mich vor dem Ausbrennen?

....

Tipps:

Achten Sie als Führungskraft darauf, welche Zeichen Sie in Ihrem Team setzen:

➤ Gehen Sie auch mal früher nach Hause oder nutzen Sie das Homeoffice, damit sich Ihre MitarbeiterInnen dies ebenfalls trauen. Die Devise „Ich muss so lange bleiben wie der Chef" hat so keine Chance.

➤ Versenden Sie E-Mails nur in absoluten Ausnahmefällen abends/ nachts. Der Erwartungsdruck auf Ihre MitarbeiterInnen, auch am Feierabend die Mails checken zu müssen, wird damit verringert.

➤ Geben Sie Ihren MitarbeiterInnen ausreichend Reaktionszeiten. Bei versendeten Mails nach zehn Minuten nachzufragen, ob er/ sie diese schon gelesen hat, kann Druck erzeugen und führt zu ineffizientem Arbeiten. Nehmen Sie in dringenden Fällen lieber den Telefonhörer in die Hand.

Am Feierabend mental auftanken

„Eine neue Studie zeigt, dass Abschalten von der Arbeit wichtig ist, um sich am Feierabend zu erholen. Wer dann nicht mehr an den Job denkt, hat weniger körperliche Beschwerden und fühlt sich wohler. Der Arbeitsdruck erschwert das Abschalten, ein gutes Miteinander im Team fördert es. Wenn man partout nicht abschalten kann, sollte nicht gegrübelt, sondern positiv gedacht werden.

„Auf meinem Planeten bedeutet ausruhen, sich auszuruhen – keine Energie zu verschwenden. Für mich ist es recht unlogisch, auf einem grünen Rasen hoch und runter zu laufen, Energie zu verbrauchen, anstatt sie zu sparen."

– Mr. Spock über Freizeit –

In der Studie wurde deutlich, dass sich die Gesundheit und die Arbeitsleistung verbesserten. Wer gedanklich gut von der Arbeit abschalten konnte, klagte über weniger Burnout-Symptome wie Erschöpfung oder Desinteresse. Außerdem lagen dann auch weniger körperliche Beschwerden vor, etwa Kopf- oder Magenschmerzen. Jene ohne Gedanken an die Arbeit schliefen besser und länger. Auch die seelische Gesundheit profitierte. Wer zum Feierabend nicht über die Arbeit grübelte, war mit seinem Leben zufriedener, seltener müde, hatte eine bessere Stimmung, fühlte sich insgesamt wohler und erholter. Außerdem waren jene, die abschalten konnten, bei der Arbeit leistungsfähiger." (Newsletter Wirtschaftspsychologie aktuell, 01.02.2017)

Tipps:

Nutzen Sie mentale Techniken, um abends abzuschalten. Hier ein paar beliebte Möglichkeiten:

- Machen Sie einen Spaziergang, bevor Sie nach Hause gehen.
- Bleiben Sie einige Minuten im Auto sitzen und lassen Sie Ihren Gedanken freien Lauf.
- Schließen Sie Ihre anstehenden Aufgaben gedanklich in eine Schublade o.Ä. ein, die Sie erst am nächsten Tag wieder öffnen.
- Suchen Sie sich einen Ort, wo Sie belastende Gedanken loslassen können.
- Denken Sie lösungsorientiert: „Auch wenn ich noch nicht weiß, wie ich das schaffe, werde ich eine Lösung finden."

Die Achtsamkeit schulen

Eine sehr wirkungsvolle Methode für die innere Balance ist das Achtsamkeitstraining. Achtsamkeit ist eine besondere Form der Aufmerksamkeit. Sie richtet sich auf Sie selbst, dann auf andere und dann auf Ihre Umgebung. Daraus entwickelt sich mit der Zeit eine Grundhaltung. Von einfachen Alltagsübungen, die sich zum Stressabbau eignen, bis hin zur Meditation gibt es viele Wege, um seine mentalen Fähigkeiten zu trainieren. Auch beim aktiven Zuhören hilft Ihnen eine achtsame Grundhaltung, um Ihren Gesprächspartner zu verstehen und sich einzufühlen.

Achtsamkeitstraining hat sich inzwischen auch in den Management-etagen etabliert: „Achtsamkeit für gestresste Manager", „Meditierende Manager", „Megatrend Achtsamkeit" – das Angebot ist riesig. Daher sollten Sie darauf achten, dass Sie nicht dem „Selbstoptimierungswahn" verfallen. Achtsamkeit heißt auch Entschleunigung und wahrnehmen, was ist – mit Leistungssteigerung hat dies nichts zu tun.

Wenn Sie Achtsamkeit in Ihren Arbeitsalltag (oder auch privat) integrieren möchten, gehen Sie Step by Step vor. Suchen Sie sich zunächst einen für Sie passenden, überschaubaren Rahmen (z.B. beim Spaziergang im Grünen), in dem Sie trainieren. Klappt das gut, machen Sie weiter. Das bringt mehr Aussicht auf Erfolg, als die Messlatte zu hoch anzusetzen, was dem Achtsamkeitsprinzip widerspricht. Vielleicht suchen Sie sich auch ein Meditationsseminar, ein MBSR-Training (Mindfulness Based Stress Reduction) oder einen Trainer/Coach, der Sie beim Erlernen der Methode unterstützt.

Tipps für mehr Achtsamkeit im Alltag

▶ Ich konzentriere mich auf das, was ich gerade tue, und mache nichts nebenher.

▶ Ich bin präsent im Meeting, im Gespräch mit meinen MitarbeiterInnen und in der aktuellen Situation.
   – Wenn ich telefoniere, schreibe ich nebenbei keine E-Mails.
   – Wenn ich esse, dann esse ich.
   – Wenn ich zuhöre, gehe ich ganz auf meinen Gesprächspartner ein.
   – Wenn ich spazieren gehe, dann richte ich meine ganze Aufmerksamkeit auf alles Schöne, die strahlende Sonne oder die blühenden Blumen, das Rascheln der Blätter oder die angenehme Luft.

▶ Beobachten Sie Ihren Atem. Wo fließt er hin? Wie schnell/langsam fließt er? Spüren Sie den Luftstrom an den Nasenflügeln. „Ich atme. Ein. Aus. Mit jedem Atemzug bin ich ganz bei mir."

▶ Funktionieren Sie Ihre Bürowege in Achtsamkeitswege um. Gehen Sie ganz bewusst in das nächste Meeting oder zum Kollegen. Nehmen Sie dabei wahr, wie Sie laufen, wie die Fußsohlen Kontakt zum Boden haben oder wie Sie atmen. Dies sind Mini-Tankstellen für mehr Energie.

3.3 Emotional intelligent agieren

Achtsamkeitstraining hilft auch, die Emotionen zu regulieren. Doch wozu haben Menschen Emotionen? Erinnern Sie sich noch an Raumschiff Enterprise? An Captain Kirk, Pille – und Mr. Spock? „Alles, was ich kenne, ist Logik." Seine unterkühlte Art machte den Vulkanier Mr. Spock beim Publikum umso beliebter. Mit seinen moralischen und klar logischen Sprüchen faszinierte er. Als Vulkanier verspürte er keinerlei Emotionen. Weil aber Mr. Spock ein Kind einer menschlichen Frau und eines vulkanischen Vaters war, fand man hin und wieder in seinen Aussagen doch Hinweise auf menschliche Mitgefühle und Emotionen – und das machte die Situation umso amüsanter. Insbesondere in Konstellation mit dem sehr emotionalen Bordarzt Pille ...

Wie lebensklug sind Sie?

Kognitive Intelligenz allein ist nicht ausschlaggebend, wenn es um Erfolg in Beruf und Privatleben geht. Vielleicht kannten Sie an der Uni auch einen genialen Studienkollegen, dem der Unterrichtsstoff nur so zuflog und der trotz seiner überragenden Intelligenz im Beruf später weniger erfolgreich war. Und ein anderer Ihrer Freunde, der eher durchschnittliche Noten erzielte, ist heute ein äußerst erfolgreicher Unternehmer.

Die Fähigkeiten, die Sie dafür einsetzen, ist die Emotionale Intelligenz. Das Ziel emotional intelligenten Handelns ist es, im Zusammenspiel mit rationalen Denk- und Verhaltensweisen Win-win-Situationen für alle Beteiligten zu erreichen. Dabei steht das Aufrechterhalten bzw. das Wiederherstellen der Handlungsfähigkeit im Vordergrund.

Gehen Sie in die Selbstreflexion!

> Wie gut finde ich mich in der Welt zurecht?
> ....

> Wie genau kann ich Situationen einschätzen?
> ....

> ⟩ Wie leicht fällt es mir, Beziehungen zu anderen Menschen zu knüpfen?
>
> ....
>
> ⟩ Wie gut bin ich in der Lage, mich selbst zu motivieren?
>
> ....
>
> ⟩ Wie leicht oder schwer fällt es mir, die Gefühle und Stimmungen anderer zu erfassen?
>
> ....
>
> ⟩ Und wie steht es um meine soziale Kompetenz?
>
> ....

Die Qualität der emotionalen Intelligenz lässt sich an vier Fragen festmachen:

1. **Wie nehmen wir die Emotionen wahr?** Sind wir sensibel für Mimik und Gestik, Körperhaltung und Stimme von uns selbst oder von anderen Personen?
2. **Wie nutzen wir die Emotionen?** Welche Zusammenhänge zwischen den eigenen und fremden Emotionen und Gedanken stellen wir her, um dieses Wissen beispielsweise für die Problemlösung einzusetzen?
3. **Wie verstehen wir die Emotionen?** Es geht darum, die eigenen Emotionen zu analysieren und einzuschätzen, wie sie entstehen, wie sie sich verändern (lassen) und die Konsequenzen zu verstehen.
4. **Wie können wir die Emotionen beeinflussen?** Können wir Gefühle vermeiden oder Bewertungen korrigieren? Die Basis dafür sind unsere Ziele, unser Selbstbild und unser soziales Bewusstsein. (Quelle: Mayer, Salovey, Caruso, 2004)

Emotionale Intelligenz ist die Fähigkeit, eigene Emotionen und die Emotionen anderer sowie die dahinterstehenden Werte wahrzunehmen und zu differenzieren, sie glaubhaft anzuerkennen, auszudrücken und zielgerichtet mit ihnen umzugehen. Es ist eine Beziehungspflege mit sich und anderen.

Geht es um emotionale Intelligenz, so kommen auch noch andere Begriffe ins Spiel, die es sich näher zu betrachten lohnt. Empathie, Sympathie und der „sechste Sinn" bzw. die Intuition.

Was emotionale Intelligenz ausmacht

Link zum EQ-Test der SZ in den Download-Ressourcen

Empathie: Gesucht wird „Fingerspitzengefühl"

Empathie ist der Schlüssel für ein erfolgreiches Miteinander und die Grundlage für eine partnerschaftliche Zusammenarbeit auf Augenhöhe in allen unseren Beziehungen und mit unserem Umfeld. Sie ist die Voraussetzung für Beliebtheit, Wertschätzung und Integration in eine Gemeinschaft und für Leadership Ability (Führungsqualität), also eine Fähigkeit, die positiv wirken und auch beeinflussen kann.

MitarbeiterInnen folgen nur widerwillig einer/m empathielosen ChefIn. Lernen Sie zunächst, eigene Gefühle wertfrei zu betrachten. Beobachten Sie im Alltag, was auf der menschlichen Ebene wirklich passiert. Reflektieren Sie: Wie geht es mir gerade im Meeting? Was macht mir Spaß an dem Projekt? Was macht mich wütend oder ärgerlich? Was nehme ich gerade wahr – wie ist die Stimmung?

„Das Geheimnis des Erfolgs ist, den Standpunkt des anderen zu verstehen."
– Henry Ford –

Zeigen Sie im Gespräch wirkliches Interesse an Ihrem Gegenüber. Hören Sie zu und vor allem hin. Wechseln Sie auch einmal die Perspektive und nehmen Sie die Sichtweise Ihres Gegenübers ein. Oder fragen Sie sich, wie eine dritte Person über die Situation denken würde. Andere zu verstehen heißt dabei nicht, es ihm oder ihr immer recht zu machen.

Selbstreflexion

> Wie gut kann ich mich in meine MitarbeiterInnen einfühlen?
> ....

> Kenne ich die Wünsche und Bedürfnisse meiner MitarbeiterInnen?
> ....

> Weiß ich, was meinen MitarbeiterInnen wichtig ist?
> ....

> Und wie kann ich empathischer werden?
> ....

Tipp: Selbstbeobachtung & Kontrolle

Die Methode „Marsmännchen" oder der „Engel Aloisius", der auf seiner Wolke sitzt, kann dabei helfen. Lernen Sie sich selbst aus der Beobachterperspektive kennen. Betrachten Sie Situationen mit Abstand aus verschiedenen Perspektiven.

Die meisten haben eine „grobe" Vorstellung davon, was Empathie ist. Diese ist jedoch sehr unterschiedlich: Für den einen bedeutet Empathie Mitgefühl, für einen anderen bedeutet Empathie, dass man gut verhandeln kann.

Wir sprechen von **kognitiver Empathie**, wenn wir wahrnehmen, was in einem anderen vorgeht, ohne dessen emotionale Reaktion zu übernehmen. Wir verstehen, was in unserem Gegenüber vorgeht. In einer Situation, in der wir verhandeln oder eine Absprache treffen, nutzen wir überwiegend die kognitive Empathie. Denn wir möchten in erster Linie eine möglichst gute Verhandlung oder Absprache für uns erreichen.

Von **emotionaler (affektiver) Empathie** sprechen wir, wenn wir die Gefühle eines anderen annehmen. Wir fühlen das, was der/die andere fühlt: Wir freuen uns mit, wir trauern mit, wir sind glücklich, wir fühlen uns sicher. In einer Eltern-Kind-Beziehung ist es natürlich interessant, die Gedanken oder sogar die Charaktereigenschaften des Kindes zu erkennen. Wesentlich wichtiger ist allerdings, dass das Kind emotionale Wärme wahrnimmt und dass die Eltern spüren, was ihr Kind emotional braucht.

Von **Selbstempathie** wiederum sprechen wir, wenn wir erkennen und spüren, was in uns selbst vorgeht.

Es gibt also unterschiedliche Facetten und Definitionen von Empathie. Die folgende Definition stellt den kleinsten Nenner dar:

> Empathie ist die Fähigkeit, wahrzunehmen, was in einem anderen vorgeht.

- ❯ Wie sehr können Sie sich in fiktive Situationen einfühlen? In einen aufregenden Film oder ein emotionales Buch, in Tagträumereien (Fantasie-Empathie)?
- ❯ Wie gut können Sie nachvollziehen, was andere denken oder sich wünschen, also die Perspektive wechseln?
- ❯ Wie sehr können Sie nachempfinden, was andere fühlen, wie stark fühlen Sie mit?
- ❯ Wie emotional reagieren Sie, wenn anderen etwas zustößt, und wie stark fühlen Sie sich dabei persönlich betroffen?

Empathie versus Sympathie

Unter Sympathie verstehen wir „die scheinbar unbegründete" emotionale Zuneigung zwischen zwei Personen. Wir sprechen dann von „der Chemie", die stimmt – oder eben nicht. Sympathie entsteht meist intuitiv und äußert sich durch ein unbestimmtes Gefühl von innerer Verbundenheit. Dieses kann durch tatsächliche oder auch „nur" durch vermutete Ähnlichkeiten aktiviert werden.

Die Gemeinsamkeit zwischen Empathie und Sympathie liegt in der „gemeinsamen Wellenlänge".

Sympathie begünstigt Empathie, da wir eher mit Menschen mitfühlen, die uns sympathisch sind. Auch Empathie kann Sympathie beeinflussen, da wir eine positive Haltung aufbauen können, wenn wir das Verhalten des anderen nachvollziehen können.

Selbstreflexion

➤ Was sollte ich vor dem nächsten Gespräch mit meinem Mitarbeiter überprüfen?

....

➤ Wie ist meine innere Haltung meinem Mitarbeiter gegenüber? Was denke ich über ihn/sie?

....

Der „sechste Sinn"

Sie haben einfach ein gutes Gefühl, dass sich Ihr/e MitarbeiterIn gut entwickeln wird? Dass die Entscheidung, die Sie gerade treffen wollen, falsch ist? Sie spüren, wenn die Stimmung im Team am kippen ist? Und dass Ihr Mitarbeiter gerade nicht die Wahrheit ausspricht? Genau das ist Ihre Intuition, die sich gerade meldet. Sie ist eine angeborene emotionale Fähigkeit von uns Menschen. Wenn sie sich meldet, dann sollten Sie in das Gefühl hineinspüren. Ist es positiv, dann bestärkt es Sie vielleicht. Ist es negativ, dann sollten Sie sich für Ihre Entscheidung noch einmal Zeit lassen.

Die Spiegelneuronen

Kennen Sie das? Ihr Partner schnipselt das Gemüse und schneidet sich dabei in den Finger. Sie rufen „Aua!" und können nachempfinden, wie sich der Schmerz anfühlt. Sie werden sozusagen mit dem Gefühl „angesteckt".

Verantwortlich dafür sind die Spiegelneuronen. Diese speziellen Nervenzellen in unserem Gehirn machen uns zu mitfühlenden Wesen. Die Spiegelneuronen werden auch dann aktiv, wenn wir diese Empfindungen bei jemand anderem wahrnehmen. Die Spiegelneuronen sind dafür verantwortlich, dass im Gehirn eines Menschen, der einen anderen bei einer Tätigkeit beobachtet, die gleichen Zellen aktiv sind, wie bei dem, der diese gerade ausführt. Beobachten Sie z.B. einen Tänzer auf einer Bühne, sind bei Ihnen die gleichen Gehirnbereiche aktiv wie bei dem Tänzer selbst.

Der Tempel der tausend Spiegel

Einer indischen Sage nach steht in Tibet der Tempel der tausend Spiegel. Es ist ein runder Tempel, der innen ringsum mit tausend Spiegeln ausgekleidet ist. Eines Tages kommt ein Hund zu dem Tempel. Er schnuppert kritisch, geht die Stufen hinauf, runzelt die Stirn und fletscht schon mal vorsichtshalber die Zähne. Falls andere Hunde im Tempel sind, sollen sie sofort Angst bekommen. So geht er durch die Tür. Tausend Hunde stehen ihm mit gefletschten Zähnen gegenüber. Sofort beginnt er wie wild zu bellen. Im selben Moment bellen ihm tausend Hunde entgegen. Das ist zu viel. Verstört rennt er raus: „Hab ich's doch gleich gesagt. Die Welt ist voller böser Hunde. Das nächste Mal muss ich noch böser sein." Am Nachmittag kommt ein anderer Hund zu dem Tempel. Er ist gut gelaunt, genießt die Sonne und freut sich darauf, etwas Neues zu entdecken. Schwanzwedelnd läuft er die Stufen hoch in den Tempel. Und was sieht er: Tausend Hunde blicken ihn freundlich und schwanzwedelnd an. „Wusste ich doch schon immer. Die Welt ist voller netter Hunde." Er fühlt sich wieder bestätigt und läuft mit Stolz und guter Laune weiter. Und wenn er nicht gestorben ist, dann wedelt er noch heute.

3.4 Auf Augenhöhe kommunizieren und den Dialog fördern

Hierarchische Strukturen haben lange Zeit die Kommunikation im Unternehmen geprägt. In Zeiten von Selbstorganisation und New Work, agilem Arbeiten und flachen Hierarchien verändert sich diese. Ob innerhalb der Teams oder nach außen: Gefordert sind Kommunikation auf Augenhöhe, eine innere Haltung von gegenseitiger Wertschätzung sowie Akzeptanz und Respekt. Intensive Kooperationen gehören zu den Erfolgsfaktoren der Zukunft. Erfahrungsaustausch mit KollegInnen, das Teilen von Wissen und die Vernetzung, auch unternehmensübergreifend, setzen eine hohe Kommunikationsfähigkeit voraus. Diese will entwickelt und trainiert werden:

> ▶ Wie können Sie die Kommunikation im Team fördern?
> ▶ Was brauchen Sie und Ihre MitarbeiterInnen, um vernetztes Denken und Handeln zu fördern?

Offenheit, Augenhöhe, Interesse und Empathie sind die zentralen Merkmale eines erfolgreichen Dialogs. Das heißt im Umkehrschluss nicht automatisch, stets gleicher Meinung, wohl aber interessiert an der Meinung des anderen zu sein. Der Dialog ist Grundlage und Voraussetzung

Abbildung 15:
Die Fragen-Matrix

für ein innovatives und erfolgreiches Miteinander. Von Ihnen als Führungskraft verlangt dies in erster Linie, Ihre Fragekompetenz auf- und auszubauen. Die Matrix in Abb. 15 zeigt Ihnen, wie Sie Fragen zielorientiert einsetzen können.

Stellen Sie **offene Fragen** wenn Sie umfassende Informationen brauchen oder wenn Sie ein Gespräch in Gang bringen wollen. Diese lassen dem Befragten einen breiten Antwortspielraum. Sie beginnen mit einem Fragewort: Wie? Was? Womit? Welche?

> ▶ *Beispiel:* **Welche** Erfahrungen haben Sie mit dem Tagungshotel gemacht? **Was genau** hat Ihnen an dem Film besonders gut gefallen? **Wie** ... stellen Sie sich Ihre Tätigkeit vor? **Welche** ... Ideen und Wünsche haben Sie? **Was** ... wollen Sie erreichen?

Stellen Sie **geschlossene Fragen**, wenn Sie ein Gespräch steuern wollen. Diese beginnen mit einem Verb oder Hilfsverb. Sie lassen sich in der Regel nur mit „Ja" oder „Nein" („weiß nicht") beantworten. Geschlossene Fragen eignen sich auch als Entscheidungsfragen. Aber Vorsicht: Zu viele geschlossene Fragen können bei den MitarbeiterInnen auf Ablehnung stoßen (Verhör!) oder einengend wirken.

> ▶ *Beispiel:* Haben Sie Erfahrung mit Excel? Sind Sie an neuen Lösungen interessiert? Sind Sie schon Kunde?

Vermeiden sollten Sie **Warum-Fragen**. Sie können Menschen auf die Palme bringen.

> ▶ *Beispiel:* Warum ist der Konferenzraum noch nicht aufgeräumt? Warum kommst Du erst jetzt nach Hause? Warum kommen Sie ständig zu spät? Meist schneller, als man es sich vorstellen kann (oftmals ist es „gar nicht so gemeint"), befindet sich der Befragte in einer Situation, in der er meint, sich rechtfertigen zu müssen. Fragen Sie stattdessen **nach dem Grund** für ...

Wer mit Fragen führen will, sollte zudem auf folgende Regeln achten:

1. Stellen Sie nur eine Frage auf einmal.
2. Fassen Sie sich kurz und formulieren Sie verständlich.
3. Geben Sie den Gesprächspartnern genügend Zeit, um die Frage beantworten zu können.

Weitere Frageformen im Download

Frageform	offen	geschlossen
1. Alternativfrage	–	Sind Sie für die Alternative A oder B?
2. Bumerangfrage	Inwiefern sind denn die von mir genannten Kosten zu hoch?	Meinen Sie wirklich, dass die von mir genannten Kosten zu hoch sind?
3. Einwandfrage	Was spricht eigentlich dagegen, dass Sie so verfahren?	Gibt es noch irgendeinen Einwand dagegen?
4. Gegenfrage	Was schlagen Sie denn vor?	Sie schlagen die Alternative A vor?
5. Informations-frage	Worauf legen Sie besonderen Wert?	Welches Hauptproblem besteht: Personalknappheit oder Rationalisierungsmängel?
6. Isolationsfrage	Welches sind Ihre wichtigsten Probleme?	Ist das Ihr wichtigstes Problem?
7. Kontaktfrage	Wie war Ihre Fahrt hierher?	Hatten Sie eine angenehme Fahrt?
8. Kontrastfrage	Wenn das in der Jugend schon so ist, wie könnte es dann im Alter sein?	Wenn das in der Jugend schon so ist, muss es dann nicht auch im Alter so sein?
9. Kontrollfrage	Welches Zwischenergebnis können wir festhalten?	Können wir dieses Zwischenergebnis jetzt so festhalten?
10. Provozierende Frage	Warum sind Sie so ablehnend eingestellt?	Sie wollen doch wohl nicht behaupten, dass …?
11. Rhetorische Frage	Was mag da wohl dahinterstecken? (Eine Antwort wird nicht erwartet.)	Ist das nicht wirklich erschreckend?
12. Suggestivfrage	Welche der Alternativen A, B, C wollen wir behandeln? (Es gibt auch die Alternativen D, E, F.)	Ist es nicht so, wie ich sage?
13. Unterschei-dende Frage	Worin sehen Sie die wesentlichen Unterschiede?	Können wir nicht einfach zwischen den Alternativen A und B unterscheiden?
14. Weiterleitende Frage	Welche zusätzlichen Wünsche haben Sie?	Können wir das Problem noch einmal von einer anderen Seite betrachten?
15. Vorschlagsfrage	Was halten Sie von dem Vorschlag?	Ist dieser Vorschlag … nicht gut?
16. Wortlose Frage	(Mimik, Gestik)	(Mimik, Gestik)
17. Zusammen-fassende Frage	Wie sehen Sie nun das Zwischenergebnis?	Können wir jetzt erst einmal das Zwischenergebnis zusammenfassen?
18. Zustimmungs-frage	–	Sind Sie auch an einer schnellen Regelung interessiert?

Quelle: In Anlehnung an Isabel Winn: Wieso? Weshalb? Warum? – Effektive Fragetechniken

Apropos „Gute Frage" …

Zwei Manager nehmen an einem Meditationsseminar in einem Kloster teil. Es herrscht striktes Rauchverbot, jedoch sind beide starke Raucher. Nach einigen Stunden der Enthaltsamkeit sagt einer der beiden: „Ich gehe jetzt zum Seminarleiter und frage, ob wir rauchen dürfen!" Nach kurzer Zeit kommt er zurück: „Wir dürfen während der Meditation nicht rauchen!"

Der zweite Manager gibt sich mit einem „Nein" nicht zufrieden und geht ebenfalls zur Seminarleitung. Innerhalb weniger Minuten kommt er mit einer brennenden Zigarette im Mundwinkel zurück! Sein Kollege blickt ihn fassungslos an: „Was hast Du ihm gesagt?"

„Ich habe ihn gefragt, ob wir beim Rauchen meditieren dürfen!"

Gute Fragen zu stellen, will gelernt sein. Denn die richtigen Fragen zu stellen, ist für jede wirksame Gesprächsführung die Grundlage. Es geht hier nicht um Manipulation, sondern um gut geführte Gespräche, die für alle Parteien wertvoll sind.

„Führungskräfte von heute und in der Zukunft sind Menschen, welche die richtigen, die interessanten Fragen stellen und nicht die, welche die guten Antworten geben."

– Götz Werner –

3.5 Richtig entscheiden und delegieren

Führungsaufgaben haben eine hohe Hebelwirkung.

Als Führungskraft werden Sie ständig mit dringenden Aufgaben konfrontiert. Was dringend ist, erscheint uns subjektiv meist auch als wichtig, ist es objektiv betrachtet aber häufig nicht. Aufgaben mit einer hohen Hebelwirkung (1:10) sind wichtig. Aufgaben, die eine geringe Hebelwirkung haben (1:1), sind unwichtig. Für Sie als Führungskraft lautet also die Frage:

➤ „Was ist die Aufgabe mit der größten Hebelwirkung?" Statt: „Wie dringend ist sie?"
➤ „Welche Aufgabe sollte ich jetzt liegen lassen, obwohl sie dringend ist?"

Das folgende Arbeitsblatt hilft Ihnen bei der Analyse. Welche Entscheidungen müssen Sie (täglich) treffen? Und wie wichtig auf einer Skala von 1 (völlig unwichtig) bis 10 (extrem wichtig) ist die Entscheidung? Delegieren Sie Entscheidungen und Aufgaben unterhalb einer Gewichtung von „7" konsequent an Ihre MitarbeiterInnen bzw. an das Team!

Handout als Download

Gewichtung 1 – 10	Entscheidungen	Aktion

So binden Sie MitarbeiterInnen in Entscheidungen ein.

Doch wie können Sie Ihre MitarbeiterInnen konsequent in Entscheidungsprozesse einbinden? Harry Truman, ehemaliger amerikanischer Präsident und ein Meister des Entscheidens, hat in wichtigen Angelegenheiten die betroffenen Menschen zusammengerufen und befragt:

➤ How do you see the situation?
➤ Don't give me a recommendation, give me a description of how the problem looks from your perspective.

Fragen Sie die MitarbeiterInnen Ihres Teams, wie sie die Lage sehen. Was schlussfolgern sie aus ihrer Perspektive, aus Sicht ihrer Funktion, ihrer Ausbildung und Erfahrung?

Rat holen und Rat geben – der konsultative Einzelentscheid

Wir alle treffen jeden Tag zahlreiche Entscheidungen. Interessant ist, dass wir den Prozess der Entscheidungsfindung in den allerwenigsten Fällen wirklich bewusst steuern.

Steht eine Entscheidung im Unternehmen an, die verschiedene Abteilungen oder Bereiche betrifft, so wird diese oftmals automatisch an die nächsthöhere Ebene delegiert. Dort erfolgt eine Abstimmung zwischen den Bereichsleitern. Manchmal geht die Entscheidung dann noch eine Ebene nach oben und somit immer weiter weg vom Ort des Geschehens. Das geschieht manchmal nahezu unbemerkt. Allerdings zieht sich der Prozess in die Länge und es landen viel zu viele Entscheidungen auf dem Schreibtisch oder im Postfach der Führungskräfte. Die Folge sind lange, aufwendige und teure Entscheidungswege.

> „In meiner alten Firma dauerte der Beschaffungsweg einer neuen Pumpe, die für die Produktion wichtig war, über 14 Tage. Hier habe ich das in zwei Stunden durch." – Zitat aus dem Film „Augenhöhe"–

Mit dem konsultativen Einzelentscheid können Optionen zügig erarbeitet und ausgewählt werden – unter Einbezug individueller und kollektiver Intelligenz der Menschen in der Organisation. Ärzte und Rechtsanwälte machen das schon lange so: Sie konsultieren die Experten und Spezialisten.

Konsultativer Einzelentscheid – so geht's:

In einem ersten Schritt identifizieren Sie den Entscheidungsbedarf.
- Was ist das Problem?
- Haben wir das Problem wirklich verstanden?

Dann wird überlegt:
- Wer sind die idealen Berater, Spezialisten, Kollegen für das Problem?
- Wen genau muss ich fragen?
- Welche Alternativen gibt es für die Entscheidung?
- Was spricht für die Alternativen, was dagegen?

Nach dem Einholen der relevanten Ideen und Ratschläge gilt es, eine Entscheidung zu treffen.

Es geht darum, die beste Expertise einzuholen und die besten KollegInnen um Rat zu bitten. Die Entscheider übernehmen die Verantwortung für das Ergebnis und dafür, welche Personen sie einbeziehen. Konsultation fördert die Zusammenarbeit, gegenseitige Wertschätzung sowie unternehmerisches Denken und Handeln.

„Das ultimative Geheimnis einer guten Entscheidung lautet: Beziehen Sie Ihre Informationen aus vielfältigen Quellen und nutzen Sie ein breites Kontaktnetz, um Ihre Ideen zu testen."
– Alex „Sandy" Pentland, Professor am MIT –

Delegieren

Glauben Sie, Sie müssen alles selbst machen? Dann wird es Zeit, loszulassen. Zu Beginn des Buches haben wir geschrieben, dass Führungskräfte oft an ihren fachlichen Themen kleben. Das zeigt sich auch beim Delegieren. Doch was haben Sie davon, wenn Sie Aufgaben oder ganze Projekte delegieren?

Sie gewinnen Zeit für das Wesentliche, nämlich für die Mitarbeiterführung. Sie können effizienter arbeiten, weil ein/e MitarbeiterIn diese Aufgabe vielleicht schneller und besser lösen kann. Sie erhöhen das Wissen, die Erfahrung und fördern die Verantwortungsübernahme in Ihrem Team und sichern so die Produktivität und das Engagement. Was heißt es nun ganz genau, Aufgaben zu delegieren?

Was gutes Delegieren ausmacht

Beim Delegieren werden Ziele bzw. Aufgabenbereiche vollständig mit den erforderlichen Informationen, Kompetenzen und der Verantwortung an den/die MitarbeiterIn übertragen. Das heißt:

- ❯ Der/die MitarbeiterIn entscheidet, welche Maßnahmen eingesetzt werden.
- ❯ Die Führungskraft unterstützt nur bei Fragen und Hindernissen.
- ❯ Die Aufgaben sollen die MitarbeiterInnen herausfordern, nicht überfordern.

Im Vorfeld sollten Sie Klarheit über die Aufgabe gewinnen und festlegen, welche/r MitarbeiterIn für den Delegationsauftrag geeignet ist. Überlegen Sie sich auch, welche Gründe die/der MitarbeiterIn haben könnte, den Delegationsauftrag abzulehnen. Laden Sie den/die MitarbeiterIn zum Gespräch ein und informieren Sie über Anlass, Zeitpunkt und Ort des Gesprächs. Das schafft Sicherheit und Vertrauen.

Achten Sie darauf, zu Beginn des Gespräches Kontakt aufzunehmen. Gehen Sie auf die individuelle Persönlichkeit Ihrer MitarbeiterInnen ein. Erläutern Sie die Rahmenbedingungen und das Ziel der Aufgabe. Stellen Sie dieses in einen größeren Zusammenhang: Welches übergeordnete Ziel steckt dahinter? So motivieren Sie Ihre/n MitarbeiterIn, auch über den Tellerrand hinauszuschauen. Formulieren Sie den Delegationsauftrag konkret und stecken Sie die Gestaltungsspielräume ab. Definieren Sie Zwischenziele und vereinbaren Sie Feedback-Termine. Fassen Sie am Ende des Gesprächs die Ergebnisse zusammen und lassen Sie es Ihre/n MitarbeiterIn in eigenen Worten wiederholen. Und selbstverständlich sollten Sie das Gespräch positiv beenden.

Auch die Nachbereitung des Gesprächs gehört dazu. Reflektieren Sie, wie die/der MitarbeiterIn auf die Übergabe reagiert hat. Wie viel Eigenständigkeit trauen Sie ihr/ihm bei der Erledigung zu? Notieren Sie sich sinnvolle Zwischentermine für Feedback-Gespräche. Halten Sie eigene gegebene Zusagen ein und setzen Sie Aktivitäten zeitnah um.

Folgende Fragen sollten Sie im Gespräch mit Ihren MitarbeiterInnen besprechen:

1. Was ist zu tun? Welche Aufgaben sind zu erledigen? Welche Ergebnisse sollen erreicht werden?
2. Wer soll es tun? Warum ist dieser Mitarbeiter dafür besonders geeignet? Wer unterstützt ihn?
3. Wozu dient die Erledigung der Aufgabe? Welches Ziel soll erreicht werden? Welchen Beitrag leistet die Aufgabe?
4. Wie soll die Aufgabe erledigt werden? Welche Rahmenbedingungen gelten? Woran erkennt der Mitarbeiter, ob alles richtig läuft? Welche Vorgehensweise ist angedacht?
5. Womit soll die Aufgabe erledigt werden? Welche Hilfsmittel bzw. Unterlagen werden benötigt?
6. Wann soll die Aufgabe erledigt sein? Wie und wie oft soll eine Rückmeldung über die Aufgabenerfüllung erbracht werden?

Fragen im Delegationsgespräch

Bereiten Sie eine Delegation gründlich vor. Im Download-Bereich finden Sie dazu einen Vorbereitungsbogen.

Handout als Download

Tipp

Mit dem Delegation Poker (siehe S. 128 ff.) lernen Sie übrigens spielerisch und sehr effektiv die praktische Anwendung des Delegierens – von der Anweisung bis zur vollständigen Delegation.

Reflexionsfragen

- Wie leicht oder schwer fällt es mir, Aufgaben zu delegieren?

  ....

- Welche Vorteile bringt es mir als Führungskraft, wenn ich Aufgaben an MitarbeiterInnen delegiere?

  ....

- Welche Gründe sprechen aus meiner Sicht als Führungskraft dagegen, Aufgaben zu delegieren?

  ....

- Welche Vorteile bringt es den MitarbeiterInnen, wenn sie Aufgaben übertragen bekommen?

  ....

- Welche Voraussetzungen müssen erfüllt sein, damit Aufgaben delegiert werden können?

  ....

3.6 Ein digitales Selbstverständnis entwickeln

Kennen Sie Digital Literacy®? Dann wird es jetzt Zeit, sich damit zu beschäftigen. Denn es bedeutet, dass es eine Grundvoraussetzung wird, ganz selbstverständlich mit Internetquellen, mit neuen, mobilen Computer- und Internetmedien (Endgeräten, Web-2.0-Anwendungen) umzugehen. Schon heute geben im Rahmen der PIAAC-Erhebung der OECD (Programme for the International Assessment of Adult Competencies) nur acht Prozent der Befragten an, sie würden nie am Computer arbeiten. Und das bedeutet: Auf nahezu allen Arbeitsplätzen in Deutschland sind digitale Grundkompetenzen erforderlich, um die beruflichen Anforderungen erfüllen zu können. (Quelle: www.arbeitenviernull.de)

Qualifizierung und lebenslanges Lernen rücken in Bezug auf den technologischen Wandel in den Vordergrund – wovon gleichermaßen Sie als Führungskraft wie Ihre MitarbeiterInnen betroffen sind. Das Unternehmen wird ein Ort des Lernens. Um eine entsprechende lernförderliche Umgebung zu schaffen, braucht es individuelle und bedarfsorientierte Angebote. Digitale Medien bieten dafür viele Möglichkeiten. Sie als Führungskraft spielen dabei eine wichtige Rolle:

Lernen und Wissensaustausch: ständige Begleiter der digitalen Arbeitswelt

> ▶ Wie können Sie eine optimale Lernumgebung mit Ihrem Team gestalten?
> ▶ Was brauchen Ihre MitarbeiterInnen, um Freude am Lernen zu haben?
> ▶ Was tun Sie persönlich für Ihre Weiterbildung?

Hinzu kommt, dass in den Unternehmen die Technologiekompetenz der Digital Natives auf das Erfahrungswissen der älteren MitarbeiterInnen trifft. Es braucht den ständigen Wissensaustausch und den Aufbau entsprechender Strukturen, um Diversität zu nutzen:

> ▶ Wie können Sie die unterschiedlichen Kompetenzen zusammenbringen, um Informationslücken zu schließen?
> ▶ Wie kann generationsübergreifend gelernt werden?
> ▶ Welche Strukturen sind für den Wissenstransfer förderlich?
> ▶ Wer kann sich wie einbringen?

Gegebenenfalls können Sie hierfür bereits Ihre schon vorhandenen Kollaborationstools wie Jira oder Sharepoint einsetzen. Anstatt Wissenssilos zu konservieren, teilen Sie Informationen. Dadurch wird die

Zusammenarbeit intensiviert und zum wesentlichen Bestandteil für den Erfolg. Fast wie von selbst entwickelt sich daraus eine eigene „Lernplattform", die Sie noch mit weiteren E-Learning-Angeboten und -Tools erweitern können. So ändert sich quasi ganz nebenbei das Mindset der MitarbeiterInnen. Sie übernehmen Verantwortung und lernen, welche Chancen das Teilen von Informationen mit sich bringt.

Digitale Intelligenz und Integrität werden dabei immer wichtiger:

> ⯈ Wie können Sie als Führungskraft für einen transparenten und verantwortungsvollen Umgang mit Informationen sorgen?
> ⯈ Welche Anleitungen für Ihre MitarbeiterInnen sind in der digitalen Welt erforderlich?

Werte wie Offenheit, Aufrichtigkeit und Integrität spielen in diesem Zusammenhang eine große Rolle, um die Reputation des Unternehmens zu schützen. Bei den neuen Technologien geht es nicht nur darum, dass diese technisch genutzt werden und Sie sich immer wieder in neue Tools einarbeiten. Mindestens genauso wichtig ist, wie Sie und Ihre MitarbeiterInnen sich in dieser transparenten Welt bewegen und verantwortlich kommunizieren. Dafür brauchen Sie und Ihr Team digitale *und* soziale Kompetenz.

Der Digital Leader

Stellen Sie sich vor, Sie sitzen mit Ihrem Laptop auf dem Schoß im Wald auf einer Bank. Ihre kreative Wissensmitarbeiterin liegt gegenwärtig irgendwo am Meer, das Tablet vor sich. Ein anderer Mitarbeiter arbeitet im Homeoffice, um näher bei der Familie zu sein, und Ihr Chef sitzt im Office beim Kunden mitten in New York.

Welche Kompetenzen werden Sie vor diesem Hintergrund als Leader zukünftig brauchen? Flexibilität, um mit der beschriebenen Konstellation gut umgehen zu können? Gelassenheit? Vertrauen in die Stärken Ihrer MitarbeiterInnen? Transparenz, um alle umfassend zu informieren und Wissen zu teilen? Ein offenes Mindset und eine starke innere Haltung?

Richtig, einfach alles. Das „Bild" des Digital Leaders (siehe Abb. 16, nächste Seite) bringt es aus unserer Sicht auf den Punkt. Ein verantwortungsvoller und offener Umgang mit sozialen Medien, effizientes Nutzen der neuen Technologien, neugierig sein und Neues ausprobieren, sind Merkmale des Digital Leaders. Diese werden sich weiter verändern und somit wird auch der digitale Leader in fünf oder zehn Jahren ein anderes Profil haben als heute.

Flexibel

– Ich nutze neue Methoden.
– Ich fördere Neues und entwickle
  Bewährtes.
– Ich denke von den Ressourcen her.
– Ich probiere Dinge aus.

Gelassen

– Ich kenne mich selbst und meine
  Werte.
– Ich vertraue meinen Mitarbeitern.
– Ich sehe Chancen im Chaos.
– Ich setze auf meine eigene Stärke.

Transparent

– Ich informiere umfassend.
– Ich teile mein Wissen.
– Ich bin in den sozialen Medien.
– Ich gebe Feedback.

Offen

– Ich verstehe neue Technologien.
– Ich vernetze mich auf Augenhöhe.
– Ich beteilige alle.
– Ich lerne ständig dazu.

Abbildung 16:
Der Digital Leader

Digital Leadership bezeichnet eine hierarchieübergreifende, kooperative und teamorientierte Führung – Ihre Aufgabe als Führungskraft ist es, Rahmenbedingungen zu schaffen, damit MitarbeiterInnen ihre intrinsische Motivation und ihre spezifischen Fähigkeiten einbringen können und vor allem wollen.

3.7 Diversity-Kompetenzen fördern

Wie ausgeprägt ist Ihr Bewusstsein für die Unterschiede und Ähnlichkeiten Ihrer MitarbeiterInnen im Team? Damit Sie das Potenzial und die Vielfalt in Ihrem Team entfalten und nutzen können, ist es wichtig, sich mit den eigenen Kompetenzen in Bezug auf Diversity auseinanderzusetzen, damit sich eine gemeinsame Kultur im Team entwickelt.

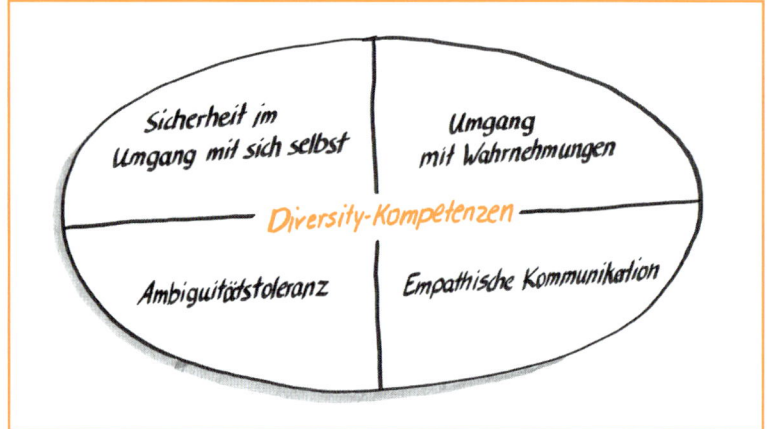

Abbildung 17:
Diversity-Kompetenzen

Wie sicher sind Sie sich im Umgang mit sich selbst?
- ❯ Sind Sie sich über Ihre eigene Identität und Selbstkompetenz bewusst?
- ❯ Kennen Sie Ihre eigenen Stärken und Schwächen?
- ❯ Lassen Sie alte Überzeugungen los, lernen Sie ständig neu und erkunden Fremdes und die eigenen Möglichkeiten?

Wie gehen Sie mit Wahrnehmungen um?
- ❯ Akzeptieren Sie unterschiedliche Wirklichkeiten und vermeiden Sie es, in Wahr-falsch-Kategorien zu denken?
- ❯ Lassen Sie sich auf die Darstellungen, Emotionen oder Bilder der anderen ein?
- ❯ Suchen Sie die Vorteile der anderen Standpunkte, Sicht- oder Vorgehensweisen?

Welche Fähigkeiten haben Sie, Unterschiedlichkeiten auszuhalten (sog. Ambiguitätstoleranz)?

➤ Akzeptieren Sie ein Sowohl-als-auch statt ein Entweder-oder?

➤ Bleiben Sie offen und tolerieren eigene Fehler und die der anderen?

Wie empathisch kommunizieren Sie?

➤ Hören Sie zu, fragen Sie nach und spiegeln Sie das Gehörte?

➤ Entwickeln Sie ein positives Menschenbild?

➤ Geben und nehmen Sie Feedback, auch wenn es unbequem sein sollte?

Im Download finden Sie einen Selbsteinschätzungsbogen zu den Diversity-Kompetenzen. Diesen können Sie auch nutzen, um einen Abgleich Ihres Selbst- und Fremdbildes vorzunehmen.

Selbsteinschätzungsbogen als Download

3.8 Sich selbst reflektieren

Handout „Entwicklungsfragen" als Download

Selbstreflexion gehört zu den Kernkompetenzen einer jeden Führungs-kraft. Dies gilt insbesondere für das Führen in komplexen Situationen. Darunter verstehen wir die Fähigkeit, Personen, Verhaltensweisen, Si-tuationen aus verschiedenen Blickwinkeln zu betrachten, kritisch zu hinterfragen und sie unter dem Aspekt der gestellten Anforderungen zu überprüfen.

Reflexion erweitert die eigenen Handlungs-möglichkeiten.

Durch regelmäßige Selbstreflexion entsteht Klarheit über die eigene Per-son, die eigenen Verhaltensmuster und über die Wechselwirkungen mit anderen Personen. Reflexion verhilft in schwierigen Situationen durch das Einnehmen einer Beobachterebene, neue Handlungsmöglichkeiten abzuleiten. Durch diese bewusste Denkarbeit lassen sich Konfliktsituati-onen besser lösen oder Stresssituationen entschärfen. Eine gute Selbst-kenntnis und die Fähigkeit, in komplexen Situationen „einen Schritt zurückzutreten", ermöglicht pro-aktives Handeln und verhindert ein unbewusstes Reagieren oder gar „operative Hektik" auf äußere Einflüsse.

In diesem Sinne trainieren die Transfer- und Selbstreflexionsfragen in den einzelnen Kapiteln Ihre Reflexionsfähigkeit. Außerdem finden Sie im Abschnitt „Empowern Sie sich selbst" (siehe S. 78 ff.) viele Übungen, Fragen und Selbstchecks zur Reflexion.

Bestimmte Muster, systemische Konstellationen und die Vielfalt an Ein-flussfaktoren zu erkennen, ist für die tägliche Führungsaufgabe sehr wichtig. Egal ob es darum geht, Entscheidungen zu treffen, Konflikte zu klären, Lösungen zu finden oder „einfach" mit sich selbst bewusst und gut umzugehen.

Sie können diese Fähigkeit im Selbstcoaching üben. Zu Beginn empfeh-len wir Ihnen – vor allem zu konkreten Themenstellungen –, sich Unter-stützung durch einen erfahrenen Coach zu holen. Viele Führungskräfte entscheiden sich sogar, selbst eine Coaching-Ausbildung zu absolvieren. Hier lernen sie eine Menge für ihren Führungsalltag, ohne sich gleich als Coach zu verstehen.

> Die persönlichen Motive, Überzeugungen und das Bild, das wir von uns selbst haben, prägen das eigene Führungsverhalten. Das eigene Verhalten wiederum beeinflusst die MitarbeiterInnen. Selbsterkenntnis hilft an die-ser Stelle, das eigene Verhalten und damit die anderen Menschen besser zu verstehen sowie Empathie zu entwickeln.

Und so geht's

1. **(Selbst-)Reflexion:** Machen Sie sich Ihre Erfolge bewusst. „Was war heute mein entscheidendes Erfolgserlebnis?" Lernen Sie eine positive Sicht auf das eigene Leben.

....

2. **Retrospektive:** Lernen Sie aus der Vergangenheit: Gehen Sie z. B. nach einem Mitarbeitergespräch mit sich selbst und/oder dem Mitarbeiter in die Retrospektive. „Was ist aus Sicht des Mitarbeiters gut gelaufen, was noch weniger gut? Was ist aus meiner Sicht in dem Gespräch gut und was ist noch nicht so gut gelaufen?"

....

3. **Prüfen Sie Verhaltensoptionen:** „Welche Optionen habe ich, in Zukunft anders zu handeln?" Finden Sie mindestens drei (auch paradoxe) Möglichkeiten und probieren Sie diese auch aus. So haben Sie zukünftig mehr Handlungsfreiraum.

....

4. **Umsetzung:** Wenden Sie das neue erfolgreiche Verhalten an, z. B. mit Ihren MitarbeiterInnen, im Gespräch, in der Familie, mit Ihren Kunden.

....

Tipp

Um die berufliche und persönliche Entwicklung weiter zu fördern, sind regelmäßige Selbstbeobachtungen sinnvoll. Ein einfaches Hilfsmittel dafür ist das Führen eines Notizbuchs: Halten Sie dort in den kommenden Monaten Ihre (Selbst-)Erkenntnisse, Ihr Handeln und Verhalten und Ihre Emotionen fest. Lesen Sie ab und zu Ihre zurückliegenden Einträge und Sie werden selbstbewusst feststellen, was Sie zwischenzeitlich erreicht haben und wie Sie Ihren Zielen ein Stück nähergekommen sind.

Top-Tipp: Reflexion kommt vor Aktion!

4

Empowern Sie sich selbst

Lange Zeit war man der Meinung, Führungspersönlichkeiten sind Naturtalente. Führungskompetenz und Charisma sind angeboren. Jeder weiß aber auch: Um ein gutes Handwerk oder einen guten Beruf zu erlernen, braucht es eine Ausbildung, ein Studium, eine Zusatzqualifikation und Erfahrung. Je höher die Position, desto deutlicher zeigt sich, wie wichtig die ständige Weiterentwicklung emotionaler Kompetenzen für herausragende Leistungen ist. Deshalb können wir aus unserer Erfahrung sagen: Führungskräfteentwicklung ist Persönlichkeitsentwicklung. Die „Arbeit an sich selbst" ist die wichtigste Führungsaufgabe: Wer bin ich als Führungskraft? Stellen Sie also die persönliche Entwicklungsarbeit voran, bevor Sie sich Ihren MitarbeiterInnen und Ihrem Team widmen.

4.1 Das Mindset macht den Unterschied

„Ob Du denkst, Du kannst es, oder Du kannst es nicht: Du wirst auf jeden Fall recht behalten", formulierte Henry Ford – und die Psychologin Carol Dweck ging dem in ihrem Buch „Selbstbild" auf den Grund. Das Selbstbild, so ihre These, wird maßgeblich durch das zugrunde liegende Mindset geprägt. Der Begriff Mindset wird übersetzt mit Denkweise, Einstellung, Mentalität, Gedankengut, Denkart, Gesinnung, (geistige) Haltung und beschreibt, wie wir etwas bewerten oder an Dinge herangehen. Carol Dweck unterscheidet zwischen dem „Fixed Mindset" und dem „Growth Mindset" (siehe Abb. 18).

Mit welchem Mindset agieren Sie als Führungskraft? Ist Ihre Denkweise festgelegt oder auf Wachstum ausgerichtet? Gibt es Lebensbereiche, wo Ihre Einstellungen fixiert sind, in anderen hingegen agieren Sie mit einer sehr offenen und flexiblen Haltung?

Fixed Mindset	Growth Mindset
Ich bin so.	Ich kann mich weiterentwickeln.
Ich muss gut sein.	Mein Potenzial entwickelt sich durch Einsatz und Tun.
Ergebnisse zählen	Wirkungen erkennen
Aussagen über den Wert einer Person	Feedback ist eine Lernchance.
Rückzug	Wachstum und Aktivität
Ich kann es nicht.	Ich kann es „noch" nicht.

Abbildung 18: Fixed und Growth Mindset
Quelle: Carol Dweck

Selbstcheck als Download-Ressource

Das statische Selbstbild – auch „Fixed Mindset" – orientiert sich im Außen

Denkweisen wie „Meine Fähigkeiten und Eigenschaften sind in Stein gemeißelt, meine Intelligenz ist mir vorgegeben" prägen das statische Selbstbild. Jede Situation wird bewertet und nur Ergebnisse zählen. „Werde ich Erfolg haben oder scheitern? Werde ich klug oder dumm aussehen, werde ich mich am Ende als Sieger oder als Verlierer fühlen?" Es werden laufend Aussagen über den Wert einer Person getroffen. Bei Misserfolgen wird der Rückzug angetreten: „Ich kann es nicht."

> ### „Der Elefant am Strick" oder: Wie werden Elefanten am Weglaufen gehindert?
>
> In Indien werden Elefanten mit einem Trick am Weglaufen gehindert. Gleich nach der Geburt wird das Elefantenjunge mit einem Strick am Hinterbein an einem Pflock angebunden. Sein ganzes junges Leben lang lernt der Elefant, dass er nicht weglaufen kann, da er am Hinterfuß den Strick spürt. Wenn der Elefant nun ausgewachsen ist, hat er die Kraft, selbst eine große Kette mitsamt einem Baum auszureißen. Aber er wird mit demselben Strick am selben Pflock befestigt wie als kleines Elefantenbaby. Er hat in seiner ganzen Kindheit gelernt, dass der Strick ihn am Weglaufen hindert. Und so verhindert sein Glaube an seine Grenzen, dass er fliehen kann.

Das dynamische Selbstbild – auch „Growth Mindset" – orientiert sich im Innen

Die Überzeugung, dass Grundeigenschaften durch eigene Anstrengung und Lernen weiterentwickelt werden können, gehört zu einem dynamischen Selbstbild. Auch wenn wir uns in Talenten, Stärken, Interessen oder dem Temperament noch so sehr unterscheiden, können wir uns durch Einsatz und Erfahrung verändern und entwickeln. Erfolg bedeutet, „die Wirkungen" zu erkennen. Ein Misserfolg wird als Feedback gesehen und beinhaltet eine Lernchance. Die Denkweise „Ich kann es *noch* nicht" regt den eigenen Wachstumsprozess an.

Die Ausprägung von „Fixed" und „Growth" Mindset kann sich je nach Kontext verändern. Gerade im agilen Kontext ist das Entwickeln einer flexiblen Denkweise eine wichtige Grundeinstellung, denn das „Growth Mindset" ist auf persönliche Weiterentwicklung und Wachstum ausgerichtet.

Bereits der Glaube daran, dass wir bestimmte Fähigkeiten weiterentwickeln können, weckt in uns die Lernbereitschaft. Die Leidenschaft, Grenzen zu überwinden, selbst wenn nicht alles perfekt verläuft, ist das Zeichen eines dynamischen Selbstbildes. Diese Grundeinstellung ermöglicht es uns Menschen, sich gerade dann weiterzuentwickeln, wenn wir vor großen Herausforderungen stehen.

Welche Möglichkeiten und Chancen haben wir, wenn wir glauben, dass wir unsere Intelligenz oder unsere Persönlichkeit weiterentwickeln können, statt zu glauben, es handle sich um unveränderbare und tief verwurzelte Eigenschaften?

Hierzu ein positives Beispiel aus eigener Erfahrung: Bei einem Führungskräfteentwicklungsprogramm für erfahrene und neue TeamleiterInnen war ein langjähriger Teamleiter dabei, der stark die „Haltung" vertreten hat: „Das haben wir alles schon einmal gemacht und es hat sich nichts verändert." Nach dem ersten Modul hat er sich aufgrund von Terminüberschneidungen entschuldigt. Der Geschäftsführer hat damals nicht locker gelassen und mit dem Teamleiter nochmals gesprochen. In der 2. Runde war er wieder dabei. Zunächst noch distanziert, wurde er im Laufe der Module immer offener und merkte, welche Erfahrung er aus seiner Führungspraxis einbringen kann und wo sein eigenes Entwicklungspotenzial liegt. Er öffnete sich sogar für einen Einzeltermin. Einige Wochen nach Abschluss dieser Trainingsmaßnahmen bekamen wir Feedback. Uns wurde erzählt, dass dieser Teilnehmer aktiv auf andere TeamleiterInnen zugegangen ist, um die Zusammenarbeit und die Schnittstellenkommunikation zu verbessern. Die KollegInnen waren positiv erstaunt über seine neue Art der Kommunikation. Statt bisheriger Droh- oder Druckanrufe hatte er seine Kommunikation in positive, freundliche und motivierende Mails und Telefonate verwandelt.

Das Mindset lässt sich also durchaus von einer festgelegten Denkweise hin zu einer neuen, entwicklungsbejahenden Haltung verändern – sobald es uns gelingt, hinderliche fest verwurzelte Glaubenssätze zu überwinden. Denn diese existieren tatsächlich nur in unserem Kopf – und sind damit veränderbar (siehe hierzu auch „Glaubenssätze und Überzeugungen", S. 94 f.).

Tipp

Aktivieren Sie als Führungskraft die Bereitschaft zum Lernen und Wachstum. Gerade im agilen Umfeld sind die Fähigkeiten, sich schnell an verändernde Situationen anzupassen, besonders wichtig. Fördern Sie ein dynamisches Selbstbild für sich persönlich ebenso wie für Ihre MitarbeiterInnen.

Selbstcheck: Agiles Mindset

Der nachfolgende Fragebogen hilft Ihnen, Ihr eigenes Mindset zu reflektieren und Ihr Führungsverhalten zu überprüfen. Beantworten Sie die Aussagen mithilfe der Bewertungsskala 1 bis 5 (1 = kaum; 5 = vollständig) so, wie Sie sich und Ihr Team im Moment einschätzen.

Selbsteinschätzung Agiles Mindset

Bewertung 1–5

1. Ich kenne meine Aufgaben als Führungskraft in meinem Unternehmen. ....
2. Ich weiß, welches Führungsverständnis ich selbst habe. ....
3. Ich weiß, was Führung für mich bedeutet. ....
4. Meine MitarbeiterInnen haben den Freiraum, den sie brauchen, um selbstorganisiert zu arbeiten und Verantwortung zu übernehmen. ....
5. Ich kenne die Stärken und Fähigkeiten meiner MitarbeiterInnen, sodass ein stärkenorientierter Einsatz möglich ist. ....
6. Ich vertraue meinen MitarbeiterInnen. ....
7. Wenn ich das Vertrauen meiner MitarbeiterInnen noch nicht habe, weiß ich warum. ....
8. Ich toleriere Fehler meiner MitarbeiterInnenn und sehe diese als Chance für deren Weiterentwicklung. ....
9. Ich gebe meinen MitarbeiterInnen regelmäßiges Feedback. ....
10. Ich reflektiere mich selbst regelmäßig und motiviere meine MitarbeiterInnen dazu, mir Feedback zu geben. ....

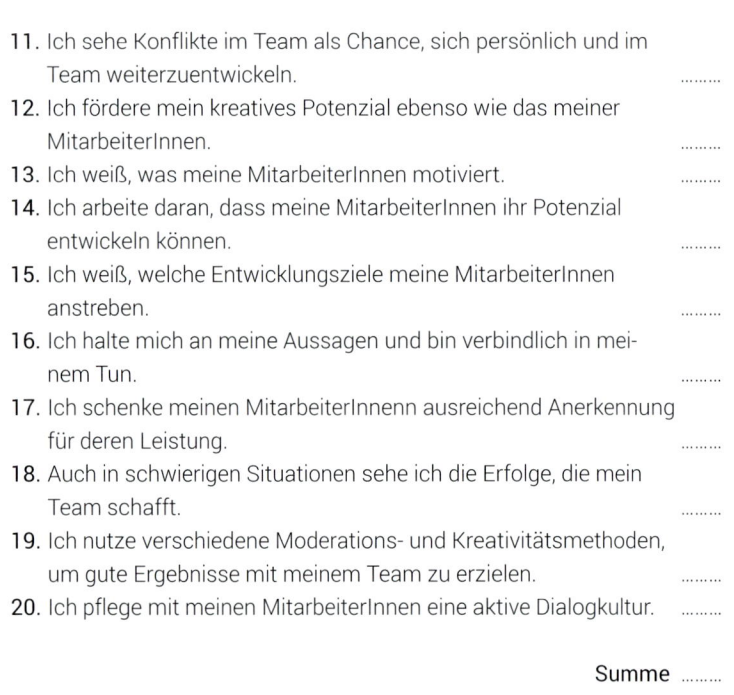

11. Ich sehe Konflikte im Team als Chance, sich persönlich und im Team weiterzuentwickeln. ....

12. Ich fördere mein kreatives Potenzial ebenso wie das meiner MitarbeiterInnen. ....

13. Ich weiß, was meine MitarbeiterInnen motiviert. ....

14. Ich arbeite daran, dass meine MitarbeiterInnen ihr Potenzial entwickeln können. ....

15. Ich weiß, welche Entwicklungsziele meine MitarbeiterInnen anstreben. ....

16. Ich halte mich an meine Aussagen und bin verbindlich in meinem Tun. ....

17. Ich schenke meinen MitarbeiterInnenn ausreichend Anerkennung für deren Leistung. ....

18. Auch in schwierigen Situationen sehe ich die Erfolge, die mein Team schafft. ....

19. Ich nutze verschiedene Moderations- und Kreativitätsmethoden, um gute Ergebnisse mit meinem Team zu erzielen. ....

20. Ich pflege mit meinen MitarbeiterInnen eine aktive Dialogkultur. ....

Summe ....

Handout in den Download-Ressourcen

Auswertung:

▸ **1 – 39**: Ihre agilen Fähigkeiten sind noch gering ausgeprägt. Suchen Sie sich ein bis zwei Aussagen, an denen Sie arbeiten möchten. Gehen Sie schrittweise vor und loben Sie sich für erste Erfolge.

▸ **40 – 59**: Sie sind schon gut unterwegs. Arbeiten Sie weiter an sich und Ihrem Team und bauen so Step by Step Ihr agiles Mindset aus.

▸ **60 – 79**: Sie sind auf einem fortgeschrittenen Level. Bleiben Sie dran und machen Sie sich bewusst, welche Entwicklung Sie schon gemacht haben.

▸ **über 80**: Sie haben ein stark ausgeprägtes agiles Mindset. Leben Sie Ihre Vorbildfunktion und tragen Sie Ihre Haltung weiter in die Organisation.

Bitte beachten Sie, dass die Punktwerte Orientierungen sind und keine Normwerte.

4.2 Selbst- und Fremdbild

Das Handelsblatt hat 2014 Führungskräfte befragt, ob sie glauben, eine gute und bei ihren MitarbeiterInnen akzeptierte Führungskraft zu sein. Das Ergebnis war eindeutig: 95 Prozent antworteten mit Ja. Die Gallup-Studie, die seit vielen Jahren durchgeführt wird, hat MitarbeiterInnen befragt, ob sie in ihrer beruflichen Laufbahn einmal eine schlechte Führungskraft hatten. Das Ergebnis: 69 Prozent antworteten mit Ja. Sehr viel deutlicher könnte die Diskrepanz zwischen der Selbst- und der Fremdwahrnehmung von Führungskräften nicht ausfallen.

Die Outplacement-Beratung Rundstedt & Partner hat unter Angestellten eine Umfrage mit dem Titel „Wenn ich Chef wäre, …" durchgeführt – mit folgenden Ergebnissen:

- 63 Prozent wünschen sich mehr Gespräche.
- 53 Prozent eine bessere Aufgabenverteilung nach Kompetenz und Neigung.
- 50 Prozent flexiblere Arbeitszeiten.
- Mehr Geld, Karriere und der schicke Dienstwagen kam erst später.
- Nur 16 Prozent der MitarbeiterInnen gaben an, mit der Führungsetage zufrieden zu sein.
- Drei Viertel der Befragten würden in der Rolle des Eintags-Chefs grundlegende Veränderungen vornehmen.

Wenn ich Chef wäre …

Selbstreflexion

- Wie schätze ich mich als Führungskraft ein? Bin ich eine gute und akzeptierte Führungskraft bei meinen MitarbeiterInnen?

  ………

- Woran erkennen meine MitarbeiterInnen das?

  ………

Sie sind sich unsicher, wie Ihre MitarbeiterInnen Sie als Führungskraft einschätzen?

Tipp 1

Gehen Sie mit Ihren MitarbeiterInnen aktiv in den Dialog. Bitten Sie um Feedback zu Ihrem Kommunikations- und Führungsverhalten. Beginnen Sie im Zweiergespräch. Haben sich Ihre MitarbeiterInnen daran gewöhnt, regelmäßig Feedback zu geben, können Sie diesen Punkt regelmäßig im Meeting aufgreifen. Im Laufe der Zeit wird Ihr Selbst- und Fremdbild deutlich stärker übereinstimmen.

Tipp 2 für Fortgeschrittene

Gestalten Sie den nächsten Workshop – am Anfang oder Ende – als Möglichkeit zum Feedback Ihrer MitarbeiterInnen an Sie. Bereiten Sie ein Flipchart in drei Abschnitten mit folgenden Überschriften vor: More of … / Same of … / Less of …

Alle TeilnehmerInnen schreiben Klebezettel zu den drei Rubriken. Wovon wollen sie mehr? Was soll beibehalten werden? Wovon wollen sie weniger? Lesen Sie die einzelnen Punkte laut vor und reflektieren Sie mit Ihrem Team. Wertschätzen Sie alle Beiträge, auch wenn sie Ihnen weniger gefallen. Mit einem Danke für die Offenheit gehen Sie zu den nächsten Punkten der Agenda über.

Die Gallup-Studie

Seit mehr als 15 Jahren erstellt das Beratungsunternehmen Gallup jährlich den Engagement-Index für Deutschland. In diesem Index werden zwölf Fragen zum Arbeitsplatz und -umfeld gestellt, die sogenannten Q12-Fragen, die Auskunft über die emotionale Bindung und die Motivation der MitarbeiterInnen zu ihrer Arbeit geben. Das Ergebnis aus 2016 zeigt, dass 15 von 100 Personen keine emotionale Bindung zum Unternehmen verspüren und bereits innerlich gekündigt haben. 70 Personen haben eine geringe Bindung – das kann sich durch „Dienst nach Vorschrift" zeigen. Und nur 15 von 100 Personen haben eine hohe emotionale Bindung zu ihrem Unternehmen.

Bereits ein Auszug der Subheadlines aus der Pressemitteilung von Gallup vom 22. März 2017 macht deutlich, woran es hapert:

▶ Mitarbeiter erkennen Fehlentwicklungen – und schweigen
▶ Machtverhältnisse auf dem Arbeitsmarkt haben sich gedreht
▶ Unternehmen setzen an den falschen Hebeln an

➤ Chefs sind sich ihrer Defizite nicht bewusst
➤ Feedback vielfach Fehlanzeige

Die Macher der Gallup-Studie resümieren: *„Dieses Ergebnis stellt Füh-rungskräften ein schlechtes Zeugnis aus. Es ist die Aufgabe einer Führungskraft, die individuellen Leistungspotenziale der Mitarbeiter freizusetzen und zur Entwicklung des Einzelnen beizutragen. Es gilt herauszufinden, was ein Mitarbeiter gut kann und mag und wie er dem-entsprechend eingesetzt werden kann – dies lässt sich am besten im Gespräch herausfinden."*

Was ist der Schlüssel für eine hohe emotionale Bindung zum Unter-nehmen? An erster Stelle steht die Beziehung zwischen dem/der Mit-arbeiterIn und der direkten Führungskraft. Die Führungskraft trägt die Verantwortung dafür, ein Umfeld zu schaffen, in dem MitarbeiterInnen ihr Potenzial entfalten können. Dies bedeutet auch, ihre emotionalen Bedürfnisse und Erwartungen am Arbeitsplatz zu erkennen und vor allem ihnen die Möglichkeit zu geben, das zu tun, was sie richtig gut können. Das ist der Hebel, an dem die Unternehmen ansetzen sollten, um die Qualität des Arbeitsumfeldes zu verbessern.

Wir haben nachgefragt: Was wünscht Ihr Euch von den Führungskräften? Was ist Euch wichtig?

„Vertrauen, einen gewissen Rahmen der Entscheidungsfreiheit und Verbind-lichkeit in den Aussagen, die getroffen werden, sowie ein offenes Ohr bei Herausforderungen. Und vor allem, dass auch meine Führungskraft mit gutem Vorbild vorangeht – besonders in den Bereichen, in denen sie gute Leistungen von mir erwartet."

„Eine Führungskraft ist ein Trainer einer Mannschaft. Als Trainer sollte man zu jeder Zeit fair mit der Mannschaft umgehen."

„Mir ist wichtig, dass ich mich in meinem Job entfalten und lernen kann, ohne Angst vor Sanktionen zu haben, wenn etwas nicht so läuft, wie die Führungs-kraft es sich vorgestellt hat."

„Charakter, Professionalität, Engagement, Begeisterungsfähigkeit (für sich selbst und andere), fachliche Eignung und vor allem eine Vision – oder besser: einen Plan, wo es langgehen soll."

„Down to earth, nahbar, offen und experimentierfreudig."

Befragt haben wir angehende und sehr erfahrene Führungskräfte aus der freien Wirtschaft – männlich wie weiblich (Auszüge).

4.3 Die eigene Landkarte kennen und die Persönlichkeit entwickeln

Was macht die menschliche Persönlichkeit aus? Wie entsteht sie und wie lässt sie sich beschreiben? Diese Fragen beschäftigen die Philosophen, Schriftsteller und Wissenschaftler schon seit der Antike.

Schon lange wissen wir anhand von Untersuchungen, dass die Persönlichkeit eines Menschen nicht nur eine Frage der Gene ist, sondern sich durch Lebensereignisse – insbesondere einschneidende – verändern kann. Junge Menschen werden zum Beispiel gewissenhafter, wenn sie ihren ersten Job antreten. Mit dem Übergang in den Ruhestand lässt die Gewissenhaftigkeit dann in den späteren Lebensjahren wieder nach. Umgekehrt nimmt die Persönlichkeit eines Menschen auch darauf Einfluss, ob bestimmte Ereignisse im Leben eintreten oder nicht. So ziehen extravertierte Menschen eher mit ihrem Partner zusammen als introvertierte. Es bestehen also Wechselwirkungen zwischen dem, „was uns in die Wiege gelegt wurde" (unserer Anlage), und der Umwelt.

Wie wir sind, beeinflusst unsere Sicht der Welt und unser Verhalten. Und das, was wir wahrnehmen und erleben, beeinflusst wiederum, wie wir sind.

4.3.1 Big Five – die Grundfesten unserer Persönlichkeit

Geht es um die Konstanten bzw. Anlagen unserer Persönlichkeit, die unser grundlegendes Temperament und Wesen beschreiben, so stößt man im Verlauf seiner Führungstätigkeit früher oder später auf die „Big Five" – das Modell, das den Charakter eines Menschen anhand von fünf Basisdimensionen beschreibt:

Fünf Dimensionen prägen den Charakter.

- ▶ **Neurotizismus**, das Bedürfnis nach Stabilität – das Maß, inwieweit wir auf Rückschläge reagieren: „Wie ängstlich, unsicher, schüchtern bin ich?"
- ▶ **Extraversion** – das Maß, inwieweit wir auf Reize von außen reagieren: „Wo suche ich Anregungen im Innen oder Außen?"
- ▶ **Offenheit** für Erfahrungen – das Maß, inwieweit wir aktiv nach neuen Ideen und Erfahrungen suchen: „Wie neugierig und experimentierfreudig bin ich?"
- ▶ **Verträglichkeit/Soziabilität** – das Maß, inwieweit wir eigene Interessen über die anderer stellen: „Wie gut kann ich mit anderen Menschen Beziehungen aufbauen?"

- **Gewissenhaftigkeit** – das Maß, inwieweit wir organisiert und er-
  gebnisorientiert arbeiten: „Wie organisiert, sorgfältig, zuverlässig,
  planend, effektiv und genau arbeite ich?"

Diese fünf Basisdimensionen können in ihrer Ausprägung stark variie-
ren. In ihrem Zusammenwirken spiegeln sie das wider, was wir als individuelle Persönlichkeit oder Charakter bezeichnen. Untersuchungen
zeigen, dass diese fünf Basisdimensionen in ihren Grundzügen bereits
sehr früh – etwa ab dem dritten Lebensjahr eines Kindes – erkennbar
sind. Spätestens im Alter von zwölf Jahren kann man Kinder relativ eindeutig im Rahmen dieses Modells einordnen. Das heißt nicht, dass die
Persönlichkeit damit vollständig ausgereift ist, die Tendenzen sind allerdings klar erkennbar. Bis etwa zum Alter von 30 Jahren differenziert
sich unsere Persönlichkeit weiter aus, verändert sich allerdings nicht
mehr grundlegend. Manchmal dauert es allerdings bis zur „zweiten oder
dritten Pubertät", bis sich die ganze Persönlichkeit zeigt und nicht nur
das erlernte oder angepasste Verhalten aus der Prägungsphase.

4.3.2 Grundmotive – das Fundament unserer Motivation

Auch unsere Grundmotive verändern sich nur wenig im Laufe unseres
Lebens. Sie geben unserem Leben Kraft und motivieren uns. Hierbei
handelt es sich vor allem um drei zentrale Grundmotive:

- **Das Machtmotiv, die Aufbruchskraft:** Etwas gestalten wollen,
  Führung übernehmen, neue Wege wagen, Ideen generieren,
  Durchsetzungswille, Ziele setzen, Nutzenorientierung, Emotionen, Status, Gegenwartsorientierung.
- **Das Leistungsmotiv, die Strukturkraft:** Von sich heraus etwas
  tun und verbessern wollen, die systematische und planerische
  Herangehensweise, Distanz, Ratio, Klarheit und Zukunftsorien-
  tierung.
- **Das Beziehungsmotiv, die Gemeinschaftskraft:** Der gute Austausch mit Menschen, Werteorientierung, Kommunikation und
  das Interesse für andere, Nähe, Intuition, Vergangenheitsorien-
  tierung.

Für eine erfolgreich agierende Führungskraft ist es wichtig, die Grund-
strukturen ihrer Persönlichkeit zu kennen und diese auch zu akzeptieren. Aus einem introvertierten Menschen wird selten ein begeisternder
Motivationscoach. Und eine Führungskraft wird gegenüber ihren Mitarbeitern und ihrem Team nur dann überzeugend wirken, wenn ihr Agie-

ren im Einklang mit ihren grundlegenden Persönlichkeitsstrukturen steht. Alles andere wirkt aufgesetzt.

Schreiben Sie eine Gebrauchsanweisung für sich selbst

> Was mag ich?

………

> Wann gehe ich in die Luft?

………

> Was ärgert mich?

………

> Wie erhält man meine Sympathien?

………

> Wodurch bin ich zu verführen?

………

> Was ich gar nicht ausstehen kann?

………

> … und außerdem?

………

Tipp

Die Gebrauchsanweisung ist auch eine schöne Aufgabe für Sie und Ihr Team. Jeder macht sich dazu im Vorfeld Gedanken und kommuniziert anschließend im Teammeeting seine „Gebrauchsanweisung". Starten Sie als Führungskraft, das ermutigt die MitarbeiterInnen, sich zu öffnen. Die Übung schafft Vertrauen untereinander und ein gutes Verständnis für die unterschiedlichen Charaktere im Team. Außerdem kommen Sie raus aus der Interpretationsfalle: „X ist halt so und Y ist eben so …"

Zu Ihren spezifischen Persönlichkeitsmerkmalen zählen des Weiteren Ihre Werte, Ihre Haltung und Ihr Selbstverständnis (vor allem in Ihrer Führungsrolle) sowie Ihre Glaubenssätze und Überzeugungen. Diese Merkmale können sich im Laufe Ihres Lebens deutlich stärker verändern, je nach Ihren persönlichen Erfahrungen und Ihres speziellen Lebensweges. Schauen wir sie uns im Folgenden einmal näher an.

4.3.3 Erforschen Sie Ihre persönlichen Werte

Was ist für Sie wertvoll? Welche Werte wollen Sie schaffen? Was ist für Sie bei der Arbeit und in Beziehungen besonders wichtig? Was zählt für Sie? Diese Fragen sollten Sie sich als Führungskraft stellen, denn Werte bewegen uns und lenken unsere Energie. Sie sind die Nährstoffe für unsere Motivation. Daher ist es so essenziell, sich über die eigenen wie auch über die Wertvorstellungen des Unternehmens, der MitarbeiterInnen und des Umfeldes im Klaren zu sein. Wo können im täglichen Miteinander Wertekonflikte entstehen? Wo gibt es einen inneren Wertekonflikt, z.B. aufgrund unterschiedlicher Vorstellungen in Bezug auf die Mitarbeiterführung?

Werte = Nährstoffe für unsere Motivation

Nehmen Sie sich für die folgende **Selbstreflexionsübung** Zeit und bleiben Sie ganz bei sich:

1. Welche Werte sind für Sie wichtig?
   - Was ist Ihnen am wichtigsten? Was gibt Ihrem Leben Sinn?
   - Finden Sie zehn Werte, die für Sie wesentlich sind.

2. Markieren Sie anschließend die drei Werte, die für Sie am wichtigsten sind.

3. Nehmen Sie sich kurz Zeit, um über folgende Fragen nachzudenken:
   - Wie wirken diese drei Werte in Ihrem Leben?
   - Woran sind diese Werte in Ihren Handlungen erkennbar – für sich und für andere?
   - Wo bestehen gegebenenfalls Wertekonflikte?
   - Wenn Sie diesen Werten mehr Raum geben würden, inwiefern würde sich Ihr Leben verändern?

4. Schreiben Sie Ihre Erkenntnisse auf und beobachten Sie in den nächsten Tagen, wie diese drei Werte und evtl. auch die Wertekonflikte im beruflichen und privaten Alltag zum Ausdruck kommen.

4.3.4 Unsere Haltung prägt unser Verhalten

Unsere Haltung drückt sich in unserem Verhalten aus. Verändern wir unsere Haltung, hat dies einen direkten Einfluss auf unser Verhalten. Wie ist Ihre innere Haltung gegenüber sich selbst und gegenüber anderen? Notieren Sie sich jeweils fünf Gedanken, Emotionen, Bilder zu den nachfolgenden Begriffen. Was fällt Ihnen – ganz spontan – ein, wenn Sie folgende Begriffe lesen:

> Mitarbeiterinnen und Mitarbeiter
> ....

> Konflikte
> ....

> Chef/Führungskraft
> ....

Schauen Sie sich Ihre Gedanken jetzt noch einmal an: Was davon ist für Sie positiv belegt, was ist negativ belegt? Überwiegt die positive Einstellung oder eher die negative? Überlegen Sie weiter: Wie wird sich diese Einstellung im Gespräch, im Meeting oder in einer Konfliktsituation zeigen?

Nehmen wir einmal an, Ihre Einstellung dem neuen Mitarbeiter gegenüber ist sehr positiv. Er wurde Ihnen bereits als sehr fleißig, innovativ und ehrgeizig angekündigt. Ein erstes Delegationsgespräch steht an. Mit welcher inneren Haltung werden Sie das Gespräch führen?

Und nun nehmen wir an, Sie führen zum wiederholten Male ein Kritikgespräch mit einem Kollegen. Sie glauben, der Kollege ist unflexibel, altmodisch und kritikresistent. Mit welcher Haltung gehen Sie in dieses Gespräch und wie wird es verlaufen?

Gehen Sie in die Reflexion über Ihre Grundhaltung als Führungskraft:

> Was halte ich von meinen MitarbeiterInnen?
> ....

> Welche Prinzipien gelten für mich als Führungskraft?
> ....

> Welche Werte sind mir im Umgang miteinander wichtig?
> ....

Die wenigsten Menschen stellen sich bewusst oder unbewusst diese oder ähnliche Fragen. Dabei sind sie zentral. Sie stellen die Grundlage für unsere Handlungen und unsere Kommunikation dar, die wir in jeder Begegnung mit anderen Menschen zum Ausdruck bringen – ob wir das nun wollen oder nicht.

> Wie ist Ihre Haltung gegenüber sich selbst?
> ....

> Was denke ich über mich?
> ....

> Wofür stehe ich?
> ....

> Was motiviert mich?
> ....

> Wie lebe ich die Dinge, die mir wichtig sind?
> ....

Ergänzendes Handout in den Download-Ressourcen

Das eigene Menschenbild prägt den Führungsstil

Douglas McGregor prägte in den 1960er-Jahren die Management-Theorien X und Y, die als Führungsphilosophien Einzug in viele Unternehmen gehalten haben. Sie repräsentieren zwei ganz unterschiedliche Menschenbilder. Die Theorie X beschreibt den Menschen als von Natur aus faul. Er wird extrinsisch – über Belohnung und Strafe – motiviert. Die Y-Theorie geht davon aus, dass Menschen intrinsisch motiviert und ehrgeizig sind und sich eigene Ziele setzen. Arbeit wird als eine Quelle der Zufriedenheit gesehen.

Davon ausgehend, wird eine Führungskraft – je nachdem, von welchem Menschenbild sie überzeugt ist – ihren Führungsstil unterschiedlich wählen. Theorie X wird sich durch einen autoritären Führungsstil mit Hierarchien, Anweisungen, Kontrolle, Belohnung und Strafe ausdrücken. Theorie Y zeigt sich durch einen kooperativen, situativen und mitarbeiterorientierten Ansatz. Er drückt sich durch Autonomie, Engagement und gemeinsame Ziele aus. Es wird wenig kontrolliert, stattdessen auf Selbstverantwortung gesetzt.

McGregor hat aufgrund der Kritik, dass sich X- und Y-Theorie gegenseitig ausschließen, kurz vor seinem Tod (1964) die Theorie Z als Synthese entwickelt. Diese wurde in den 1980er-Jahren von William Ouchi aufgegriffen, der die Theorie Z mit dem japanischen Management-Stil in Verbindung brachte. Der Japaner Ouchi hat sich mit drei Arten von Organisationen beschäftigt: Typ A, das amerikanische Unternehmen, Typ J, das japanische Unternehmen. Der neue Typ Z beschreibt eine weiterentwickelte Unternehmenskultur mit einer starken Mitarbeiterbeteiligung, die zudem die Führung des kompletten Unternehmens in den Fokus nimmt. Der Identifikation der MitarbeiterInnen, der Motivation und der Feedback-Kultur werden dabei große Bedeutung zugeschrieben. Ouchi beschreibt, dass genau diese Art von Unternehmen in Zukunft aufgrund ihrer deutlich höheren Produktivität erfolgreich sein werden.

Theorie Z: eine Unternehmenskultur mit starker Mitarbeiterbeteiligung

Die wesentlichen Merkmale der Theorie Z sind:

- ▶ Menschen sind „je nachdem X oder Y", sie haben ein Bedürfnis nach Vertrauen und suchen nach langfristigen Beziehungen.
- ▶ Menschliche Beziehungen sind komplex, ein vorsichtiger Umgang mit Menschen und Achtung ihrer komplexen Strukturen führen zu mehr Produktivität.
- ▶ Vertrauen und Produktivität sind vereinbar, MitarbeiterInnen wollen beteiligt werden.
- ▶ Die Interessen der Mitglieder fließen bei der Entscheidungsfindung mit ein, sie sind kollektiv und einvernehmlich.
- ▶ Die MitarbeiterInnen übernehmen Verantwortung und ihre Leistung wird beurteilt. Es werden keine formalisierten Verhaltensregeln vorgegeben.
- ▶ Interpersonale Beziehungen sind für das Unternehmen bedeutsam, es ist ein ganzheitliches Beziehungsgefüge vorhanden.
- ▶ Mit dem „Wandering around"-Prinzip, einem „Management by"-Ansatz, wird der Kontakt der Führungskräfte zu den wertschöpfenden Tätigkeiten im Unternehmen aktiv gehalten und gestaltet.

In Deutschland werden diese Prinzipien in vielen mittelständischen Unternehmen gelebt, ohne es explizit Theorie Z zu nennen. Ein Beteiligen der MitarbeiterInnen, Führung auf Augenhöhe und eine nachhaltige Strategie sind seit jeher Erfolgsprinzipien von erfolgreichen Mittelständlern – und genau das, was agile Unternehmen ausmacht.

Wie ist Ihre innere Haltung anderen gegenüber?

Wie ist Ihre innere Haltung dem Gesprächspartner gegenüber? Eher positiv oder eher negativ? Erfolgreiche Gespräche zu führen ist wesentlich leichter, wenn Sie mit einer positiven inneren Haltung und auf Augenhöhe ins Gespräch gehen. Wichtig ist, dass Sie sich in einem ersten Schritt darüber bewusst werden.

Tipp

Prüfen Sie, bevor Sie in Ihr nächstes Gespräch gehen, inwieweit Sie alte Erfahrungen mit Ihrem Gegenüber beeinflussen? Gibt es Bewertungen, die Ihr Handeln „einfärben", die Offenheit und eine wertschätzende Begegnung behindern? Die beste Fachexpertise kann wenig helfen, wenn Sie über Ihre Kunden, MitarbeiterInnen, Geschäftspartner etc. denken: „Wahrscheinlich kann ich wieder alles dreimal erklären ...", „Die Sekretärin hat eh keine Ahnung ..." Oder: „Bin gespannt, welche Rechtfertigung ich diesmal höre!"

Bereiten Sie sich auf Ihr nächstes Gespräch sorgfältig vor, im Idealfall schriftlich:

> Was möchte ich dem anderen im Gespräch vermitteln?
  ....

> Welche Inhalte kann ich überzeugend vertreten?
  ....

> Welches Interesse an dem Gespräch und dem Gesprächspartner habe ich?
  ....

> In welcher Haltung (offen, wertschätzend, neugierig etc.) möchte ich meinem Gegenüber begegnen?
  ....

4.3.5 Glaubenssätze und Überzeugungen

Was denken Sie über sich, was denken Sie über die Welt? Glaubenssätze sind tief verankerte Überzeugungen und Denkmuster. Sie gestalten sowohl unser Selbstbild (siehe S. 78 ff.) als auch die Wahrnehmung unserer Umwelt. Unser Denken und Handeln sowie unsere Wahrnehmung der Realität werden von ihnen stark beeinflusst. Dabei unterscheiden wir zwischen offensichtlichen Glaubenssätzen, die jeden Tag ausgesprochen werden, und den Glaubenssätzen, die wir „sozusagen" laut denken. Dann gibt es noch die Glaubenssätze, die nicht so offensichtlich sind, wie z.B. unbewusste Überzeugungen, deren Entstehung bis in die tiefste Kindheit zurückreichen kann. Der Wahrheitsgehalt der Aussagen ist dabei irrelevant. Typische Beispiele sind:

- „Ich muss alles alleine schaffen." vs. „Alle Menschen sind hilfsbereit und unterstützen mich."
- „Ich bin nichts wert, egal was ich leiste." vs. „Ich bin wertvoll, egal was ich leiste."
- „Ich muss es allen recht machen." vs. „Ich darf meine eigenen Bedürfnisse zeigen."

Der Wahrheitsgehalt der Aussagen ist dabei irrelevant. Auch empirisch bewiesene Tatsachen sind Glaubenssätze, denn sie sind durch zukünftige empirische Aussagen widerlegbar. Gesellschaftliche und auch wissenschaftliche Maßstäbe ändern sich stetig.

So war es lange Zeit vollkommen akzeptiert, dass die Erde eine Scheibe ist. Homosexualität wurde lange Zeit als psychische Störung „behandelt" und war auch in Deutschland ein Straftatbestand, der bis tief in die 1960er-Jahre hinein verfolgt wurde. Und wer kennt nicht die berühmten Fehleinschätzungen, denen selbst gestandene Wirtschaftsführer und Politiker erlagen:

- *„Meiner Meinung gibt es einen Weltmarkt für vielleicht fünf Computer."* – IBM-Vorsitzender Thomas Watson, 1953
- *„Es gibt keinen Grund, warum ein einzelner Mensch einen Computer zu Hause haben sollte."* – Ken Olson Präsident DEC, 1977
- *„Das iPhone wird sich nicht sonderlich verkaufen."* – Steve Ballmer, Microsoft-Boss
- *„Das Auto ist jetzt vollkommen. Es bedarf keiner Verbesserung mehr."* – Carl Benz vor rund 100 Jahren
- *„Ich glaube an das Pferd. Das Automobil ist nur eine vorübergehende Erscheinung."* – Kaiser Wilhelm II., Ende des 19. Jahrhunderts

Vervollständigen Sie ganz spontan folgende Satzanfänge:

➤ Ich muss ....

➤ Ich sollte ....

➤ Ich soll ....

➤ Ich darf nicht ....

➤ Ich kann nicht ....

Selbstreflexion zu Ihren Überzeugungen

➤ Mit welchen Überzeugungen gehe ich durchs Leben?
   ....

➤ Wie haben sich diese entwickelt?
   ....

➤ Von wem habe ich welche Überzeugungen übernommen?
   ....

➤ Was ist für mein jetziges Leben noch gültig?
   ....

➤ Und welche meiner Überzeugungen sind möglicherweise hinder-
   lich?
   ....

4.4 Selbstcoaching

Zum Abschluss des Kapitels „Empowern Sie sich selbst" gehört das Thema Selbstcoaching dazu. Das GROW-Modell eignet sich hierfür wunderbar und bietet ein wirksames strukturiertes Vorgehen, um sich selbst besser zu verstehen, Ziele zu verwirklichen und Probleme konstruktiv anzugehen. Nehmen Sie sich dafür ausreichend Zeit und Ruhe, bleiben Sie fokussiert und konzentriert dabei. Das GROW-Modell besteht aus einer Fragenfolge in vier Bereichen (siehe Abb. 19), die Ihnen Schritt für Schritt helfen, strategisch vorzugehen, Hindernisse zu überwinden und Ihre Ziele zu erreichen. Steigen Sie mit einem konkreten Ziel, Problem oder aktuellen Thema ein.

GROW-Modell:
- **G** oal
- **R** eality
- **O** ptions
- **W** ay

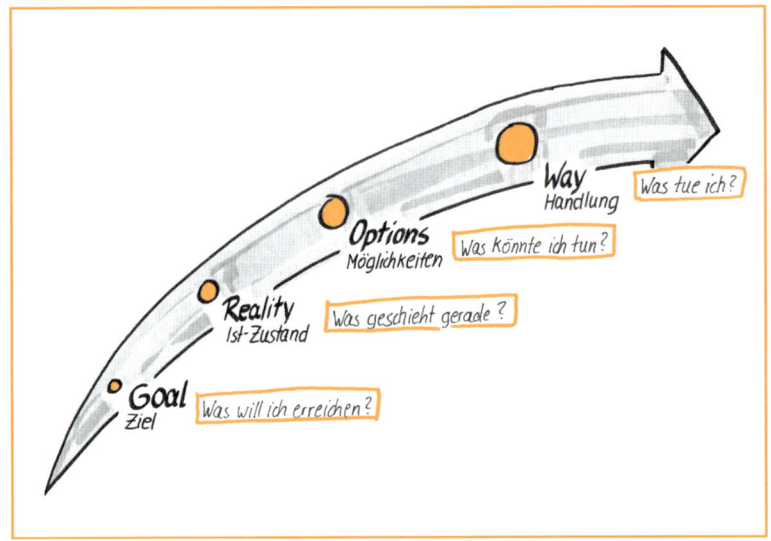

Abbildung 19:
Das GROW-Modell nach
John Whitmore

1. Goal – Das Ziel

Legen Sie für sich ein konkretes Ziel und die Messkriterien fest und achten Sie darauf, dass das Ziel für Sie realistisch und attraktiv ist (Sie erinnern sich bestimmt an die SMART-Formel – spezifisch, messbar, attraktiv, realistisch und terminiert). Lassen Sie innere Bilder entstehen. Wie sieht Ihr Zielbild aus?

Mögliche Fragen, die Sie dabei unterstützen:
- ▶ Was ist mein Thema?
- ▶ Welches Ergebnis möchte ich erzielen?
- ▶ Bis wann möchte ich es erreichen?

- ➤ Welche Meilensteine gibt es auf dem Weg?
- ➤ Welches Ziel steht hinter dem Ziel?
- ➤ Um was geht es wirklich?

2. Reality – Der IST-Zustand

Analysieren Sie Ihre aktuelle Situation. Gehen Sie beim Realitäts-Check möglichst objektiv vor – beschreibend statt verurteilend. Betrachten Sie die Situation aus verschiedenen Blickwinkeln. Es kann sein, dass Sie das Ziel nach der Analyse anpassen.

Mögliche Fragen:
- ➤ Wie sieht die aktuelle Situation genau aus?
- ➤ Welche Herausforderungen gibt es?
- ➤ Wen betrifft das Thema noch?
- ➤ Welche Kontrolle habe ich – oder haben andere – darüber?
- ➤ Welche Hindernisse oder persönlichen Widerstände gibt es?
- ➤ Was habe ich konkret schon unternommen?
- ➤ Welches Ergebnis hat das gebracht?
- ➤ Was hat mich daran gehindert, mehr oder etwas anderes zu tun?
- ➤ Was sagen außenstehende bzw. unbeteiligte Personen darüber?
- ➤ Welche Ressourcen habe ich, um das Ziel zu erreichen?

3. Options – Die Möglichkeiten

Finden Sie Ideen, alternative Strategien und neue Optionen. Entwickeln Sie mehrere Alternativen. Sie brauchen an dieser Stelle noch keine konkreten Schritte zum Umsetzen. Lassen Sie einschränkende Vorannahmen und destruktive Gedanken links liegen. Es geht darum, neuen – vielleicht auch ungewöhnlichen – Möglichkeiten Raum zu geben. Nutzen Sie das „Growth Mindset" (siehe S. 79 ff.). Halten Sie alle Ihre Ideen schriftlich fest.

Mögliche Fragen:
- ➤ Auf welche verschiedenen Arten könnte ich an das Thema noch herangehen?
- ➤ Was habe ich schon probiert?
- ➤ Was könnte ich noch tun, wenn ich ...
    - – mehr Zeit/Geld hätte?
    - – der Chef/die Chefin wäre?
    - – von ganz vorne anfangen könnte?
- ➤ Welche Möglichkeiten gibt es noch?
- ➤ Was sind die Vor- und Nachteile der verschiedenen Möglichkeiten?

> ◗ Welche Möglichkeit würde das beste Ergebnis bringen?
> ◗ Was würde ein guter Freund oder ein Mentor dazu sagen?
> ◗ Welche Lösung gefällt mir am besten?
> ◗ Womit wäre ich zufrieden oder glücklich?

4. Way – Die Handlung (what, when, who, will)

In dieser Phase geht es darum, aus den gesammelten Ideen die nächsten Schritte abzuleiten – und somit ins Tun zu kommen. Jetzt wägen Sie die Möglichkeiten ab, prüfen die Realität und treffen Entscheidungen, um einen Aktionsplan aufzustellen.

Mögliche Fragen:

> ◗ Welche Option wähle ich?
> ◗ In welchem Umfang erreiche ich damit meine Ziele?
> ◗ Welche Messkriterien definiere ich?
> ◗ Wie hoch ist mein Engagement (auf einer Skala von eins bis zehn), meinen Plan umzusetzen?
> ◗ Was hindert mich daran, eine Zehn zu geben?
> ◗ Was könnte ich tun, um näher an die Zehn zu kommen?
> ◗ Was genau werde ich als Nächstes tun? Wann?
> ◗ Was könnte mich daran hindern …
>   – den ersten Schritt zu tun?
>   – das Ziel zu erreichen?
> ◗ Welche persönlichen Widerstände gibt es vielleicht noch?
> ◗ Was tue ich, um sie zu überwinden?
> ◗ Welche Konsequenzen hat dies?
> ◗ Wen informiere ich von meinen Plänen?
> ◗ Wo hole ich mir Unterstützung?
> ◗ Welche Frage, die ich mir bisher noch nicht gestellt habe, hätte ich mir noch stellen können?

Ausführliches Handout in den Download-Ressourcen

Nach diesem intensiven Selbstcoachingprozess ist es möglich, dass Sie Ihr Ziel verändern oder auch ganz neu definieren. Identifizieren Sie Hindernisse auf dem Weg zur Zielerreichung. Was davon sind möglicherweise Vorwände? Achten Sie darauf, dass Sie die Personen über Ihre Pläne informieren, die davon betroffen sind. Gute Beziehungen, egal ob privat oder zu MitarbeiterInnen, brauchen Zeit für Aufbau und Pflege und können schnell gefährdet werden. Legen Sie Wert auf unterstützende Ressourcen (Personen, Stärken, Fähigkeiten, Sachmittel usw.). Machen Sie hier genaue Angaben. Wenn Ihr Engagement auf der Skala von eins bis zehn unter einer Acht liegt, überprüfen Sie Ihr Ziel. Und last but not least: Übernehmen Sie Selbstverantwortung für Ihr Ziel und Ihr Tun.

5 Empowern Sie Ihre MitarbeiterInnen

Wie können Sie Freiraum geben für eigenverantwortliches Handeln? Wie können Sie die Stärken und Potenziale der MitarbeiterInnen nutzen? Wie können Sie es schaffen, dass sich die MitarbeiterInnen mit Engagement und Kreativität einbringen wollen und auch können? Die Antworten auf diese Fragen klingen einfach – und sind doch so schwer umzusetzen:

> Die Menschen werden dann gut, wenn sie das tun, was sie gerne tun. Und langfristig werden sie auch nur das tun, was sie gerne tun.

Ist das nicht möglich, setzen die MitarbeiterInnen ihre Energien oftmals außerhalb des Unternehmens bzw. der Organisation ein: in ihrer Freizeit als ehrenamtlicher Vorstand im Fußball- oder Tennisverein beispielsweise. Häufig entwickeln sie auch ein regelrechtes Spezialistentum, jonglieren mit Aktien, werden Künstler oder Experte in Sachen Gartenarchitektur.

Grundsätzlich sind Menschen also bereit, sich freiwillig in hohem Maße zu engagieren, doch dieses „Empowerment" scheint jenseits des Arbeitsplatzes häufig besser zu gelingen als am Arbeitsplatz selbst. Es gibt zahlreiche Studien, welche die positive Auswirkung von Empowerment auf Leistung, Arbeitszufriedenheit und Engagement zeigen. „Empowerte" MitarbeiterInnen nehmen Belastungen geringer wahr, sind innovativer, agieren selbstbestimmt und engagieren sich oftmals über die Kernaufgaben hinaus. Damit einher gehen meist auch eine niedrige Fluktuation und ein geringer Krankenstand.

Empowerment ist ein stärkenorientierter Ansatz als Instrument in der Organisationsentwicklung.

Doch was verbirgt sich hinter Empowerment? Übersetzt wird der Begriff Empowerment mit Ermächtigung oder auch Übertragung von Verantwortung. Er zielt auf die Stärkung und Motivation Ihrer MitarbeiterInnen, indem Sie sie stärker beteiligen und einbinden, um die Arbeit eigenverantwortlich zu erledigen. Fordern Sie Ihre MitarbeiterInnen im richtigen Maß: Hat er/sie die Fähigkeiten und Qualifikation, die Aufgabe zu übernehmen? Kann er/sie der Verantwortung auch gerecht werden? Empowerment der MitarbeiterInnen setzt eine Vertrauenskultur der Organisation und ein angemessenes Informations- und Kommunikationssystem voraus. So können Sie als einzelne Führungskraft eine Menge tun, um Ihre Mitarbeiter zu empowern – durch Ihre Einstellung, Ihre Vorbildfunktion, Ihr konkretes Handeln und auch durch eine Reihe von sehr konkreten Maßnahmen, die die Selbstmotivation Ihrer MitarbeiterInnen fördert. Hierzu auf den folgenden Seiten mehr.

5.1 Die MitarbeiterInnen stärken

Von außen ist es erst einmal nicht erkennbar, welche innere Motivstruktur einen Menschen antreibt. Was macht ihm Spaß und Freude? Was gibt ihm Sinn, was braucht er/sie (siehe auch Grundmotive, S. 87 ff.)? Die folgenden Strategien, die zu Motivation oder zu Demotivation führen können, sind wohl die bekanntesten:

- **Druck**: Die wohl schlechteste Strategie. Die kurzfristig antreibende Kraft bei den MitarbeiterInnen ist die Angst vor Sanktionen. Langfristig machen sich Hilflosigkeit und eine Opferhaltung breit.
- **Belohnung**: Die Führungskraft motiviert mit Lob und Anerkennung. An sich nicht verkehrt, aber: Für die Mitarbeiter ist es die Aussicht auf Belohnung und nicht das eigentliche Tun, das sie antreibt und motiviert.
- **Eigenmotivation**: Motiviert die Tätigkeit an sich, treibt sich der Mitarbeiter selbst zu guten Leistungen an. Es entstehen Freude und Flow-Erleben.

Gute und weniger gute Motivationsstrategien

Druck und Belohnung stehen für extrinsische, das Fördern der Eigenmotivation für intrinsische Motivationsstratgien. Extrinsische Motivation ist der Versuch, durch äußere Anreize das menschliche Verhalten zu konditionieren, zu steuern und auch zu kontrollieren. Werden extrinsische Anreize eingesetzt, so werden die ureigenen intrinsischen Motive überdeckt und im schlimmsten Fall auch kannibalisiert. Die (externe) Motivierung unterwandert die (Eigen-)Motivation, die Selbstbestimmung wird untergraben. Im besten Fall führt sie zu einem kurzfristigen Motivationsschub (siehe Abb. 20, folgende Seite).

Abbildung 20: Kennzeichen von Demotivation und extrinsischer vs. intrinsischer Motivation

Demotivation	Extrinsische Motivation	Intrinsische Motivation
– Verlust der Antriebskraft und Leistungsbereitschaft durch Intransparenz, Druck, Geringschätzung, unklare Ziele etc. – fehlendes Erleben von Selbstwirksamkeit (blockieren, einschränken)	– positive Folgen erzielen (z.B. Bonus) – negative Folgen vermeiden (z.B. Sanktionen, Strafen) – Handlung ist Mittel, um einen bestimmten Zweck zu erreichen	– Handlung/Arbeit selbst wird als anspruchsvoll und interessant wahrgenommen – in der Handlung selbst liegt die Belohnung – bewirkt Flow-Erlebnis

Deshalb: Sie können andere Menschen nicht motivieren. Was Sie allerdings tun können, ist: Rahmenbedingungen schaffen, damit Ihre MitarbeiterInnen sich entfalten können und ihr ganzes Potenzial einbringen. Und ganz wichtig: Sie sollten als Führungskraft Demotivation vermeiden und auch verhindern.

„Damit Arbeit wirklich menschlich ist, muss sie von der Suche nach dem täglichen Sinn ebenso wie der nach dem täglichen Brot handeln, nach Anerkennung ebenso wie nach Geld, nach Staunen ebenso wie nach Entspannung – kurz, von der Suche nach einer Lebensform und nicht nur nach einer Weise, von Montag bis Freitag zu sterben."
– Quelle unbekannt –

Übung

▶ Stellen Sie sich folgende Frage: „Was kann ich alles tun, um meine MitarbeiterInnen zu demotivieren?" (Schreiben Sie alles auf, was Ihnen spontan einfällt).
....

▶ Markieren Sie nun die Punkte, die Sie selbst schon einmal getan haben, mit einem roten Punkt.

▶ Überlegen Sie sich, was Sie stattdessen ab heute anders machen können.
....

Bei der Frage, was uns wirklich motiviert, stößt man auf ein interessantes Phänomen: Nicht das eigentliche Erleben von positiven Gefühlen motiviert uns, sondern vielmehr das Streben nach diesen Zuständen. Das verdeutlicht die Motivationsspirale nach Gerald Hüther (siehe Abb. 21).

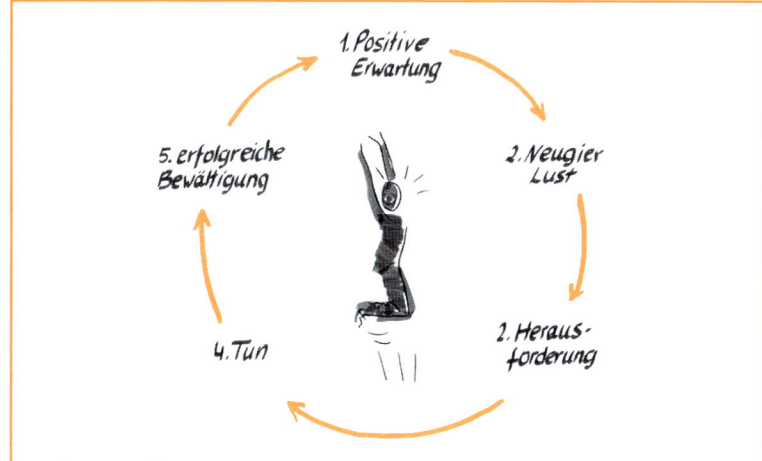

Abbildung 21:
Die Motivationsspirale
nach Gerald Hüther

Der Kreislauf der Motivation als innerer Motor kann erst dann in Kraft treten, wenn uns Erfolgswahrscheinlichkeiten möglich erscheinen. Oder anders formuliert: Erst wenn wir Zusammenhänge zwischen unserer Anstrengung und dem zu erwartenden Erfolg erkennen können, wird unsere Motivation geweckt. Damit dieser Motivationsmotor anspringt, sind folgende Bedingungen erforderlich:

- Erfolg wird nur als solcher wahrgenommen, wenn ihm eine angemessene Anstrengung vorausgeht.
- Die Ausgangssituation sollte ausreichend herausfordernd und/oder schwierig sein.
- Das mögliche Ergebnis sollte positiv bewertet sein.
- Die Aufgabe sollte weder unter- noch überfordern.
- Eine positive Selbstbewertung im Sinne von: „Ich schaffe das!"
- Das Ziel wird eigenständig erreicht (ohne diese Selbsterreichbarkeit gibt es auch kein Erfolgserlebnis).

Voraussetzungen
für intrinsische
Motivation

Sind diese Kriterien erfüllt, beginnt sich die erfolgsorientierte Motivationsspirale in uns zu entfalten. Wir fühlen uns fähig und kompetent, so der Neurobiologe Gerald Hüther.

„Glück hat nichts
mit einem bequemen
Leben zu tun."
– Quelle unbekannt –

Ein Beispiel dazu: Sie wollen eine Weiterbildung mit einer Zertifizierung abschließen und wissen, dass Sie dafür einiges an Zeit und Energie brauchen. Wenn Sie es geschafft haben, locken neue interessante Aufgaben. Sie können spannende Projekte übernehmen und Ihre Führungskompetenzen weiter ausbauen (positive Erwartung). Sie beschäftigen sich gern mit Neuem, wollen etwas dazulernen und sich weiterentwickeln (Neugier/Lust). Sie wissen, dass Sie es schaffen können (Herausforderung). Schließlich haben Sie in Ihrem Studium bereits viel gelernt und Erfahrung in Projekten haben Sie auch (Ressourcen). Sie melden sich an und nehmen an den Trainings teil (TUN). Sie investieren etwas von Ihrer Freizeit und überwinden Ihren „inneren Schweinehund", der vielleicht lieber auf der Couch liegt, als zu lernen. Es kommt die Prüfungszeit, Sie sind etwas angespannt und gleichzeitig wollen Sie den Abschluss erreichen. Letzte Anstrengungen werden unternommen und Sie schaffen es. Sie haben Ihr Zertifikat in den Händen, klopfen sich auf die Schulter und sind stolz auf sich, dass Sie es durchgezogen haben (erfolgreiche Bewältigung). Glückwunsch!

Tipp:

Aktivieren Sie Ihre inneren Bilder, um Ihre Ziele zu erreichen und die Motivationsspirale in Gang zu setzen. Sie haben enorme Kraft und unterstützen Sie auf Ihrem Weg.

Selbstreflexion

⯈ Wann war ich in letzter Zeit so richtig motiviert?
   ....

⯈ Was war es genau, was mich angetrieben hat?
   ....

⯈ Welche Voraussetzungen müssen für mich erfüllt sein, damit eine hohe Motivation entsteht und der Flow einsetzt?
   ....

5.1.1 Mit Powerful Questions Spitzenleistungen herauskitzeln

Sie haben Klarheit über die Motivationsspirale gewonnen und wie sie diese bei sich in Gang setzen? Nun kommt die eigentliche Herausforderung im Rahmen Ihrer Führungsaufgabe: Wie gelingt Ihnen dies bei

Ihren Mitarbeitern? Mit der Grundannahme, dass Menschen, Teams und Unternehmen viele versteckte Potenziale haben (vgl. Y-Menschenbild, siehe S. 91 f.), gehen Sie auf Entdeckungsreise. Wertschätzendes Erkunden und das Beteiligen Ihrer Teammitglieder aktiviert deren Ressourcen und motiviert sie so.

Richten Sie Ihre Aufmerksamkeit auf das, wohin Sie mit Ihrem Team oder Ihrer Organisation hin wollen:

- ▶ Welche Vorstellung der angestrebten Veränderung haben Sie?
- ▶ Was ist Ihre Vision?
- ▶ Was hat Anziehungskraft?

Hierbei helfen Ihnen die sogenannten Powerful Questions. Gehen Sie in drei Schritten vor: Aktivieren Sie zunächst die Ressourcen im Team und im Unternehmen, indem Sie mit der Erkundung und Wertschätzung dessen beginnen, was schon da ist. So legen Sie eine gute Basis für anregende und vitale Gespräche. Richten Sie mit Ihrem Team im nächsten Schritt Ihre Aufmerksamkeit auf die Entwicklung von Szenarien, wie eine wünschenswerte Zukunft gestaltet werden könnte. Seien Sie gespannt, was Sie von Ihren Gesprächspartnern Neues erfahren und welche Ideen entstehen. Und schließlich aktivieren Sie gemeinsam die vorhandenen Ressourcen, die Ihrem Team die Vitalität und Kraft geben, diese Schritte in eine wünschenswerte Zukunft zu gehen.

Denken Sie daran: Organisationen entwickeln sich in die Richtung, wohin sie ihre Aufmerksamkeit lenken.

1. So können Sie fragen und damit **wertschätzen und anerkennen**, was da ist:
- ▶ Wie war der Start in unserem Unternehmen?
- ▶ Was hat Sie anfangs begeistert?
- ▶ Welche Höhepunkte/Schlüsselerlebnisse hat es gegeben?
- ▶ Was genau hat dies zu einem Highlight gemacht?
- ▶ Was haben Sie dazu beigetragen?
- ▶ Welche positiven Erfahrungen haben Sie gemacht?
- ▶ Wann waren Sie begeistert und konnten in der Organisation etwas bewirken?
- ▶ Was/wer hat zu diesem positiven Ergebnis beigetragen?
- ▶ Was konnten Sie/die Beteiligten daraus lernen?
- ▶ Was schätzen Sie am meisten an Ihrer Arbeit/Rolle bzw. an der Firma?
- ▶ Was ist für Sie das Wichtigste, das zu Ihrer Entwicklung in der Firma beigetragen hat?
- ▶ In welchem größeren Rahmen sehen Sie das?

2. So können Sie **fragen, um zu gestalten**, was sein könnte:
  - ❯ Wie wäre es, wenn das Thema XY gelöst wäre?
  - ❯ Wenn Sie in unserer Organisation etwas verändern könnten, das uns nachhaltig Kraft, Vitalität und Erfolg bringen würde, was wäre das (max. drei Dinge)?
  - ❯ Stellen Sie sich vor, eine Zeitmaschine hat Sie fünf Jahre in die Zukunft gebracht und wir sind überaus erfolgreich. Wie hat sich unsere Organisation verändert?
  - ❯ Angenommen, es ist alles möglich: Was würden Sie tun, damit das Unternehmen aufblüht, lebendig wird und wächst? Welche drei Ideen haben Sie?

3. So können Sie fragen, um anzuregen, was **Vitalität und Kraft** gibt:
  - ❯ Welche Stärken und Fähigkeiten haben Sie, um das Thema XY zu lösen?
  - ❯ Wann sind wir als Team/Unternehmen/beim Kunden am besten?
  - ❯ Welche Schlüsselfaktoren geben Ihnen/unserer Organisation Kraft und Vitalität?
  - ❯ Wie und wann erleben Sie das konkret?
  - ❯ Wer oder was unterstützt das Positive in unserem Unternehmen?
  - ❯ Was können wir daraus in Zukunft nutzen?

Powerful Questions eignen sich für Einzelgespräche ebenso wie für moderierte Workshops und Meetings. Verwenden Sie diese Art der Fragen vor allem bei Veränderungsprozessen und der Neuausrichtung in Ihrem Unternehmen oder Team.

5.1.2 Feedback that works

Wenn Kommunikation gelingen soll, sind bekanntermaßen mindestens sechs Hürden zu nehmen, denn:

„Gedacht ist noch nicht gesagt,
gesagt ist noch nicht gehört,
gehört ist noch nicht verstanden,
verstanden ist noch nicht einverstanden,
einverstanden ist noch nicht angewendet,
und angewendet ist noch nicht beibehalten."

Konrad Lorenz (1903–1989),
österr. Verhaltensforscher und Nobelpreisträger

Eine Ihrer Schlüsselaufgaben als Führungskraft ist es daher, Feedback zu geben und Stellung zu beziehen. Feedback ist eine Rückmeldung zu den beobachtbaren Leistungen und Handlungen. Dabei wird die eigene Wahrnehmung beschrieben und wie sie auf mich gewirkt hat. Dem Empfänger des Feedbacks wird es so möglich, genau zu verstehen, was er/sie bewirkt hat und wie das der andere wahrgenommen hat. Je konkreter und zeitnaher das Feedback gegeben wird, desto höher ist die Chance, dass der Empfänger wirklich motiviert ist, sein Verhalten zu verändern oder eben beizubehalten. Auf diese Weise erhöhen Sie langfristig die Leistungsfähigkeit des gesamten Teams.

Das SBI-Feedback-Modell

Feedback spiegelt uns unser Verhalten wider. Wir können damit jederzeit die Erwartungen an uns überprüfen. Wenn Sie sich ein (Selbst-) Entwicklungsziel gesetzt haben, unterstützt es Ihre Veränderungen und kann Sie ermutigen, weiterzumachen. Wenn Sie neu in der Führungsrolle sind, hilft es Ihnen, zu verstehen, ob Sie auf dem richtigen Weg sind. Schaffen Sie deshalb eine positive Atmosphäre und etablieren Sie eine gute Feedback-Kultur in Ihrem Team.

Das „SBI-Modell" − **S**ituation, **B**ehaviour, **I**mpact (Situation, Verhalten, Auswirkungen) − gibt einen guten Rahmen vor, um Informationen zu strukturieren. Es hilft uns dabei, ganz konkretes und damit hilfreiches Feedback zu geben und ist damit ein sicherer Leitfaden für Feedback-Gespräche.

Das SBI-Modell: Leitfaden für Feedback-Gespräche

Das Modell ist einfach, leicht einzusetzen und vor allem gut zu erinnern. Um mit diesem Modell Feedback zu geben, beschreiben Sie erst die allgemeine Situation, in der das Verhalten aufgetreten ist. Anschließend beschreiben Sie das Verhalten, zu dem Sie Feedback geben wollen. Schließlich beschreiben Sie die Auswirkungen, die dieses Verhalten auf Sie und (möglicherweise) auch auf andere hat. Und so geht's:

▶ **Situation:** Wo und wann ist das Verhalten aufgetreten?
   „Während wir in unserem Workshop heute über die finanziellen Aspekte des neuen Projekts gesprochen haben …"
▶ **Verhalten:** Was waren die beobachtbaren Aktivitäten, das verbale und nonverbale Verhalten, das es zu verändern gilt?
   „… haben Sie mich mehrmals unterbrochen …"
▶ **Auswirkungen:** Welche Konsequenzen hat dieses Verhalten? Welche Auswirkungen auf andere Menschen hat es? Was könnten sie denken und fühlen?
   … das hat den Entscheidungsprozess in der Gruppe stark beeinflusst, weil die Gruppe dadurch einige wichtige Zusammenhänge nicht mitbekommen hat."

Flipcharts mit
Feedback-Regeln
als Download
verfügbar

Tipp

Für Ihre Meetings und Zusammenkünfte sollten Sie die Feedback-Regeln immer wieder in Erinnerung rufen. In manchen Firmen hängen diese in jedem Besprechungsraum am Flipchart oder auch an der Wand.

Analysieren Sie Ihr Feedback-Verhalten

Wie oft geben Sie Feedback, wie häufig akzeptieren Sie es? Wann und wie oft verlangen Sie Feedback? Gibt es Situationen, in denen Sie Feedback verweigern? Das abgebildete Diagramm (siehe Abb. 21) hilft Ihnen bei der Analyse Ihres persönlichen Feedback-Verhaltens. Füllen Sie es aus und reflektieren Sie im Anschluss, wie zufrieden Sie mit Ihrem Feedback-Verhalten sind. Wo möchten Sie etwas verändern? Und wann genau starten Sie damit?

Abbildung 22: Das
Feedback-Diagramm
zur Analyse des eigenen
Feedback-Verhaltens

Positives Feedback	geben	akzeptieren	verlangen	verweigern
Immer				
Sehr häufig				
Häufig				
Manchmal				
Selten				
Nie				

Negatives Feedback	geben	akzeptieren	verlangen	verweigern
Immer				
Sehr häufig				
Häufig				
Manchmal				
Selten				
Nie				

Feedback-
Diagramm
als Download
verfügbar

Tipp

Mit dieser einfachen Frage können Sie sich qualifiziertes Feedback holen: „Was ist aus Ihrer Sicht gut gelaufen und wo sehen Sie konkreten Verbesserungsbedarf?"

Vertiefte Selbstreflexion

▷ Wie oft gebe ich Feedback an meine MitarbeiterInnen, KollegInnen, meine Führungskraft?

………

▷ Was ist meistens der Anlass? Leistung, Haltung, Verhalten, Aussehen etc.?

………

▷ Welches Feedback gebe ich? Positiv, negativ, umschreibend …?

………

▷ Was hält mich davon ab, mehr Feedback zu geben?

………

▷ Wie ist es für mich, Feedback zu erhalten?

………

▷ Was will ich an meinem Feedback-Verhalten ändern?

………

Handout als
Download
verfügbar

Aktives Zuhören und Verstehen

Zu einer gelingenden Feedback-Kultur gehört das aktive Zuhören. Es ist
die Fähigkeit, auf der Inhalts- und Beziehungsebene zu kommunizieren.
Dafür braucht es ehrliches Interesse am Gegenüber und eine wertschätzende, offene Grundhaltung. Aktives Zuhören umfasst die Fähigkeit …

hin- und zuzuhören:
▶ Was sagt der/die GesprächspartnerIn?
▶ Welche Worte benutzt er/sie?

zu beobachten:
▶ Wie verhält sich der/die GesprächspartnerIn?
▶ Welche Körpersignale sendet er/sie?

zu verstehen:
▶ Welche Zusammenhänge zwischen den Äußerungen stelle ich
her?
▶ Was teilt der/die GesprächspartnerIn als Gesamtbotschaft mit?

Gefühle zu verstehen und rückzumelden:

> Was habe ich verstanden (Sachebene)?
> Welche Botschaft kam bei mir an (Beziehungsebene)?

Doch aus welchem Grund fällt uns das Hinhören häufig so schwer? Wir sind es gewohnt, Fragen zu stellen, zu bewerten, zu interpretieren und die eigene Meinung zu sagen. Oftmals warten wir schon darauf, dass unser Gegenüber eine kurze Pause macht, damit wir unsere Geschichte erzählen können. Die folgenden Zeilen bringen die größten Sünden unseres Kommunikationsverhaltens treffend auf den Punkt.

Ein Brief, worum es beim Zuhören geht:

Wenn ich Dich bitte, mir zuzuhören, und Du beginnst, mir Ratschläge zu geben, hast Du nicht getan, worum ich Dich gebeten habe.

Wenn ich Dich bitte, mir zuzuhören, und Du beginnst mir zu erklären, warum ich nicht so fühlen sollte, wie ich es tue, trampelst Du auf meinen Gefühlen herum.

Wenn ich Dich bitte, mir zuzuhören, und Du denkst, Du müsstest etwas tun, um mein Problem zu untersuchen, dann lässt Du mich im Stich – so merkwürdig sich das auch anhören mag.

Vielleicht helfen manchen Menschen deshalb Gebete so gut, weil Gott stumm ist, keine Ratschläge gibt und sich nicht einmischt.

Er hört zu und lässt mich selbst zurechtkommen.

Deshalb sei so nett und hör mir einfach zu. Und wenn Du reden möchtest, kannst Du doch wohl eine Weile warten, bis Du dran bist. Dann verspreche ich, Dir zuzuhören.

Quelle: Kay Pollak „Durch Begegnungen wachsen", S. 88

5.1.3 Diskussionen oder Dialoge führen?

Eine agile Führungskraft setzt gezielt die Diskussion ein und fördert kontinuierlich den Dialog. Sie sind verwirrt? Daher folgen hier einige Erläuterungen zu zwei Begriffen, die meistens – unbedacht – in einen Topf geworfen werden.

Handout „Kraftvolle Diskussionen" als Download

Der Begriff **Diskussion** kommt aus dem lateinischen „discutere" und heißt zerschlagen, spalten. Es wird definiert, was richtig und was falsch ist. Die eigene Meinung wird vorgetragen und verteidigt. Es geht hauptsächlich darum, die Wahrheitsfrage zu klären. Wer die besten Argumente hat, bekommt Recht.

Diskussionen helfen uns, die rationale Seite unserer Arbeit anzugehen und zu entscheiden. Argumente werden ausgetauscht und von unterschiedlichen Perspektiven betrachtet. Ziel ist, die anderen vom eigenen Standpunkt zu überzeugen. Eigene Annahmen werden nicht (oder selten) infrage gestellt. In guten Diskussionsrunden bleiben die Beteiligten auf der Sachebene und erreichen so die erwünschten Ergebnisse. Die Gefahr in der Diskussion ist allerdings das Abschweifen in lähmende Debatten oder langwierige Entscheidungsprozesse, die sich immer wieder im Kreis drehen. Kommunikativ versierte Teammitglieder setzen sich häufiger durch, es entstehen Ungleichgewichte im Team, das kann frustrieren. Für den Informationsgewinn, das Beleuchten der Gesamtsituation und das gemeinsame Finden von Lösungen ist die Diskussion gut, für erfolgreiche Entscheidungen hingegen meist weniger geeignet.

Diskussionen fokussieren die Sachebene.

Dialog kommt aus dem Altgriechischen „Dialogos" und beschreibt das Fließen der Worte. Es geht darum, die Sichtweisen aller anzuhören. Die verschiedenen Ansichten stehen gleichberechtigt nebeneinander. Im Dialog wird versucht, Ursachen herauszufinden, komplexe Zusammenhänge zu verstehen und voneinander zu lernen. Neue Einsichten werden gewonnen. Der Dialog fördert die emotionale Seite der Zusammenarbeit sowie das gegenseitige Vertrauen.

Der Dialog fördert die emotionale Seite der Zusammenarbeit.

Im Dialog geht es nicht um die Richtigkeit der Position, sondern um Nützlichkeit und ein Bewusstwerden. Der Zugang zu einer größeren Bedeutung wird angestrebt. Kollektive Gedanken, Überzeugungen, Erfahrungen und Wissen werden zugänglich gemacht. Die jeweiligen Standpunkte werden als Angebote oder Empfehlungen beschrieben. Wir nehmen die Gedankenprozesse der Gesprächspartner auf. Die unterschiedlichen „inneren Weltbilder" werden transparent gemacht. Die Beteiligten suchen nach Konsens oder nach guten Lösungen. Während des Dialogs lernen Menschen, in ihrem Anliegen gemeinsam zu denken. Der Dialog ist eine Haltung – und weniger eine Methode. Dazu braucht es gute kommunikative Fähigkeiten wie z.B. Aktives Zuhören, eine Fragekultur (siehe S. 62 ff.) und natürlich Übung.

Reflexion

▷ Machen Sie sich den Unterschied bewusst: „Wann ist es sinnvoll, eine Diskussion zu führen? Wann macht ein Dialog in meinem beruflichen Kontext mehr Sinn?"

Folgende Kompetenzen unterstützen einen wertschätzenden Dialog:

Abbildung 23:
Dialog-Kompetenzen

Respekt	Akzeptieren Sie die unterschiedlichen Menschen im Team. Nehmen Sie eine wertschätzende Grundhaltung ein. Geben Sie den anderen einen Vertrauensvorschuss.
Offenheit	Sagen Sie, was Sie wirklich denken. Nehmen Sie die Vorstellungen der anderen auf. Lassen Sie sich von den anderen beeinflussen. Geben Sie sich dem Denkfluss des Kollektivs hin.
Beobachten	Nehmen Sie passiv wahr. Hören und schauen Sie hin und zu. Nehmen Sie sich auch mal bewusst zurück.
Erkunden	Hören Sie aktiv und lernend hin und zu. Stellen Sie gezielte, empathische und kompetente Fragen. Erfragen Sie Sachinformationen, Hypothesen und Gefühle.
Das Eigene zurücknehmen	Nehmen Sie die Perspektive des Partners ein. Nehmen Sie eigene subjektive Bewertungen wahr und stellen Sie diese hinten an. Lassen Sie neue Impulse für Verstehen und Lernen zu.
Produktives Plädieren	Werfen Sie Angebote in den gemeinsamen Ideenkorb. Legen Sie eigene Interessen und Motivationen offen dar. Sehen Sie eigene Vorstellungen als offenes Angebot ans Team.
Verlangsamen	Nehmen Sie zuerst alle wichtigen Informationen auf. Geben Sie den Argumenten der anderen Raum und Zeit. Nehmen Sie die Chance wahr, alle mitzunehmen. Verlangsamen bedeutet in der Regel nicht, langsam zu sein!
Anerkennen & bestätigen	Anerkennen Sie die positive Absicht der anderen, auch wenn es unterschiedliche Ansichten gibt. Bestätigendes Feedback unterstützt den Dialog und ist Schmiermittel für Kooperation.

In Anlehnung an Dialog-Kompetenzen von Dieter Rösner „Selbstorganisation braucht Führung"

Selbsteinschätzung

Nehmen Sie eine Selbsteinschätzung zu den acht genannten Dialogkompetenzen vor. Nutzen Sie dazu eine Skala von 1 bis 10.

➤ 1 = Diese Kompetenz habe ich aktuell gar nicht.
➤ 10 = Diese Kompetenz bringe ich auf ideale Weise ein.

Fremdeinschätzung

Geben Sie sich dazu im Team Feedback und gleichen Sie Ihr Selbst- und Fremdbild ab.

5.1.4 Weg vom Beurteilen, hin zur wertschätzenden Anerkennung

Anerkennung und Wertschätzung sind entscheidende Faktoren für die Identifikation mit dem Unternehmen, die sich in der Einsatzbereitschaft der MitarbeiterInnen zeigt. Dies braucht mehr als ein einfaches „Dankeschön" oder ein kurzes Lob. Oftmals wird beurteilt: Der Lehrer lobt den Schüler, der Vater den Sohn, der Chef den/die MitarbeiterIn. Dieser Form von Lob ist gemeinsam: Es wird von „oben nach unten" vergeben. Im Gegensatz dazu greift wertschätzende Anerkennung auf einer anderen Ebene:

MitarbeiterInnen wollen ihre guten Seiten zeigen und ihre Stärken einsetzen.

▶ **Lob** erfolgt als spontane Wertschätzung und genau. Der Empfangende weiß, wofür er/sie es erhält. Es ist wie ein Schulterklopfen und kann vom Chef genauso wie von KollegInnen oder Kunden kommen.
Beispiel: *„Die Präsentation gestern war super. Du hast die Zuhörer echt begeistert."*

▶ **Anerkennung** ist vielmehr eine innere Haltung, die zum Ausdruck gebracht wird. Die Leistung einer Person wird anerkannt, respektiert, das Gesamte wird wertgeschätzt. Verbal geäußert, ist es ein qualifiziertes Feedback – und ausführlicher als das kurze Schulterklopfen.
Beispiel: *„Deine Präsentationen werden von Mal zu Mal professioneller. Du hast einen klaren roten Faden. Der Ein- und Ausstieg ist spannend. Ich merke, dass Du top vorbereitet bist. Du hast Dich in den vergangenen Wochen wirklich toll entwickelt. Darüber freue ich mich sehr."*

Viele MitarbeiterInnen beklagen sich, weil zu wenig Anerkennung und Wertschätzung ausgesprochen wird. Die meisten Führungskräfte wissen auch, dass sich die MitarbeiterInnen mehr Anerkennung wünschen.

Im Zeitraum von Oktober 2013 bis Januar 2014 hat „Kraftwerk Anerkennung" ArbeitnehmerInnen in Deutschland und Österreich befragt, wie wertgeschätzt sie sich in ihrem Unternehmen fühlen. Laut der Umfrage bekommen MitarbeiterInnen nur alle 75 Tage Anerkennung zur eigenen Arbeitsleistung. Und: Je länger ein/e MitarbeiterIn im Unternehmen beschäftigt ist, desto länger muss er/sie warten – 100 Tage und mehr. Einige zentrale Ergebnisse:

▶ 60 Prozent der Befragten erhalten Lob nur einmal im Monat oder seltener.

- Durchschnittlich liegen 75 Tage zwischen zwei positiven Rückmeldungen.
- 81 Prozent der Vorgesetzten sind der Meinung, häufig Lob und Anerkennung auszusprechen.
- 67 Prozent der Arbeitnehmer ohne Führungsposition sind der Meinung, selten oder nie Anerkennung zu erhalten.
- 60 Prozent der Befragten bewerten die Anerkennungsfähigkeit ihres Vorgesetzten mit der Schulnote 3 (befriedigend).
- 9 von 10 Befragten wünschen sich mehr Anerkennung.

Auch hier gibt es eine deutliche Spreizung zwischen der Selbst- und Fremdeinschätzung von Führungskräften (siehe auch S. 83 ff.).

Aktuelles aus der Wissenschaft: „Wem nutzt Lob?"

Diejenigen, deren Leistung hervorgehoben wird, erfahren, dass sie die Norm erfüllen. Andererseits werden die TeilnehmerInnen, die nicht durch die Anerkennung hervorgehoben werden, motiviert, ihre Leistung anzupassen und sich mehr anzustrengen. Wenngleich es auch andere, noch stärkere Gründe für eine Leistungssteigerung gibt, macht die reine Tatsache, dass der Zusammenhang von Lob und Leistung nachgewiesen werden kann, die Studie von Nick Zubanov und Nicky Hoogveld bemerkenswert. Ein einfaches „Gut gemacht" führt also nicht nur dazu, dass sich Einzelne besser fühlen, sondern auch dazu, dass andere sich mehr anstrengen. (Quelle: Universität Konstanz, https://www.uni-konstanz.de/universitaet/aktuelles-und-medien/aktuelle-meldungen/aktuelles/aktuelles/wem-nutzt-lob/ – Download 28.03.2017)

Wie können Sie Ihren MitarbeiterInnen Wertschätzung zeigen?

- Gehen Sie in Kontakt und nehmen Sie sich Zeit für Ihre MitarbeiterInnen.
- Würdigen Sie die Leistungen und das Engagement.
- Übertragen Sie verantwortungsvolle Aufgaben.
- Und manchmal ist auch ein kleines persönliches Geschenk genau das Richtige. Für den Kaffeeliebhaber eine besondere Espressomarke, für den Blumenliebhaber eine schöne Pflanze. Seien Sie aufmerksam im Umgang mit Ihren MitarbeiterInnen, dann werden Sie eine passende Idee finden.

Sprechen Sie explizit qualifiziertes positives Feedback aus und vermeiden Sie, es als Mittel zum Zweck einzusetzen:

- Anerkennen Sie die Leistung, nicht den Menschen, und behandeln Sie alle MitarbeiterInnen gleich. Bringen Sie auch Teilerfolge zum Ausdruck.
- Tun Sie das rechtzeitig, d.h. direkt im Anschluss an die gute Leistung.
- Der Maßstab sind nicht die anderen MitarbeiterInnen. Es die Leistung, die individuell von dem/der MitarbeiterIn erwartet wird und zu der er/sie in der Lage ist.
- Geben Sie positives Feedback von Kunden direkt an die MitarbeiterInnen weiter.
- Es geht ganz einfach: gut gemacht, weiter so, das gefällt mir, es macht Spaß mit Ihnen zu arbeiten, super Arbeit, richtig gut, ich bin stolz auf das Ergebnis. Beschreiben Sie so konkret wie möglich, was genau richtig gut war – dann kommt das positive Feedback auch an.
- Beachten Sie: Es wirkt nicht nur, was Sie sagen, sondern auch, was Sie nicht sagen.

So geben Sie qualifiziertes Feedback.

Selbstreflexion

- Was ist meine bevorzugte Art, Wertschätzung auszudrücken?

  ....

- Wofür bin ich empfänglich?

  ....

Einsatz von Lob-Kärtchen

Eine Möglichkeit positives Feedback im Team oder Unternehmen zu geben, sind Lob-Kärtchen, wie man sie z.B. in der Kudo Box nach Jurgen Appelo findet. Kudo kommt aus dem altgriechischen und drückt Anerkennung oder Lobpreisung aus. Um die Botschaft noch persönlicher zu machen, können Sie auch ihre eigenen Karten gestalten und drucken lassen – vielleicht mit Logo, das fördert zusätzlich die Identifikation mit dem Unternehmen. Zur Einführung erhält jede/r MitarbeiterIn drei Lobkärtchen. Die Führungskraft bekommt 50 Karten ;-)

Und so geht´s:

- Sie brauchen als erstes „Kudo Cards". Dies sind leere Kärtchen – ggf. mit witzigen Motiven.

> Auf den Kärtchen notieren die Teammitglieder Lob, Anerkennung und positives Feedback.
> Die „Kudos" werden in einer Box gesammelt. Dies kann eine liebevoll gestaltete Box oder eine einfache Pappschachtel sein.
> Bei der nächsten Retrospektive im Scrum-Team, beim wöchentlichen Meeting, im Chat oder beim Jour fixe werden die Kudos öffentlich gemacht.
> Bei besonderen Kudos können Sie auch ein kleines Geschenk überreichen.
> Sie können die Kudos auch mit einer gesonderten Mail-Adresse sammeln und öffentlich verteilen. Persönlicher ist es allerdings im Face-to-Face-Meeting, soweit möglich.
> Schön ist es auch, wenn die Kudos an einer Wand veröffentlicht werden.

Link zu den Kudo-Cards auf S. 141

Welche Effekte der Einsatz der Kudos hat, gilt es genau zu beobachten. Anfangs kann es etwas dauern, bis sich die Box etabliert hat. Seien Sie deshalb sensibel bei Personen, die vielleicht leer ausgehen, oder wenn ein regelrechter Wettbewerb entsteht.

5.1.5 Die Kunst der konstruktiven Kritik

Ist es für viele Führungskräfte gewöhnungsbedürftig, ehrliche Anerkennung und Wertschätzung auszusprechen, so fällt es ihnen häufig erst recht schwer, konstruktive Kritik zu äußern. Es gibt tatsächlich Situationen, in denen es Sinn macht, ein Verhalten zu ignorieren und es nicht zu kommentieren. Hat das unerwünschte Verhalten jedoch einen negativen Einfluss auf die Teamdynamik und -zusammenarbeit oder stößt es Kunden vor den Kopf, ist es wichtig, dieses umgehend anzusprechen. Tun Sie dies mit einer klaren, konstruktiven Grundhaltung:

Konstruktiv kritisieren: So geht´s.

> **Kritisieren** Sie sachlich, taktvoll und unter vier Augen. Beschreiben Sie das Fehlverhalten, begründen Sie nachvollziehbar.
> **Hören** Sie unvoreingenommen den Standpunkt des Mitarbeiters an. Unterstellen Sie nichts. Fragen Sie nach Ursachen für das Fehlverhalten.
> **Fordern** Sie den/die MitarbeiterIn auf, eigene Lösungen für künftiges Verhalten und Vorgehensweisen zu entwickeln.
> **Seien** Sie ein gutes Vorbild beim Umgang mit Kritik, indem Sie selbst offen für konstruktive Kritik aus den Reihen Ihrer MitarbeiterInnen sind.

Negatives Feedback oder auch ein Kritikgespräch verlangen eine besonders gründliche Vorbereitung. Machen Sie sich vorab klar:

- ❯ Was genau hat sich ereignet?
- ❯ Welchen Anteil hat der betroffene Mitarbeiter an dieser Situation?
- ❯ Haben auch andere MitarbeiterInnen einen Anteil an dieser Situation. Wenn ja, in welchem Umfang?
- ❯ Inwieweit haben äußere Rahmenbedingungen dazu beigetragen?
- ❯ Habe ich selbst als Führungskraft durch mein Verhalten zu dieser Situation beigetragen?
- ❯ Ist eine solche Situation schon öfters vorgekommen und welche Hintergründe hat es damals gegeben?

Nehmen Sie sich Zeit und bereiten Sie sich am besten schriftlich auf das Gespräch vor. Eine sehr gute Strukturierungshilfe hierfür ist die SAG-ES-Formel.

Handout als Download verfügbar

S ichtweise schildern
z.B.: *„Mir ist aufgefallen, dass …", „Ich habe wahrgenommen, dass …"*
A uswirkungen beschreiben
z.B.: *„Für mich heißt das …", „Für mich bedeutet das …"*
G efühle benennen
z.B.: *„Ich fühle mich damit …", „Ich erlebe das als …"*
E rfragen, wie der andere das sieht
z.B.: *„Wie sehen Sie das?", „Ihre Sichtweise interessiert mich!", „Was meinen Sie dazu?"*
S chlussfolgerungen ziehen
z.B.: *„Wie könnte eine Lösung aussehen?", „Das bedeutet für mich …", „Ich wünsche mir …"* (Quelle: Training aktuell, 11/2010)

Zu guter Letzt: Folgendes sollten Sie bei Kritikgesprächen unbedingt unterlassen:

Don't do it!

- ❯ Über den/die GesprächspartnerIn urteilen und klassifizieren, mit einem „Etikett" versehen.
- ❯ Den/die GesprächspartnerIn mit Pauschalaussagen „abwürgen".
- ❯ Verallgemeinern statt einen konkreten Fall zu beschreiben.
- ❯ Gedankenlesen und Unterstellungen.
- ❯ Nonverbale und paraverbale Botschaften wie das Hochziehen der Augenbrauen, Kopfschütteln, abwinkende Handbewegungen etc., die der Sachlichkeit widersprechen. Meistens werden sie unbewusst wahrgenommen und auch unbewusst „beantwortet".
- ❯ Interpretieren, ergänzen, beurteilen und bewerten.

5.2 Vorleben und Vorbild sein

Als Führungskraft nehmen Sie bewusst oder unbewusst für Ihre MitarbeiterInnen eine Vorbildfunktion ein. Welche Auswirkungen diese Vorbildfunktion auf die Mitarbeiterführung und -motivation hat, hängt maßgeblich von Ihrer Einstellung und Ihrem Verhalten ab. Wichtige Prinzipien sind: authentisch sein, ehrlich, glaubwürdig, begeisterungsfähig, offen, entscheidungsfreudig, konsequentes mitarbeiter- und unternehmensorientiertes Handeln. Diese Aufzählung lässt sich sicherlich noch ergänzen.

Mit bewusstem, positivem Handeln und vorbildlichem Verhalten können Sie Ihren Mitarbeitern in guten und schlechten Zeiten Orientierung und Halt geben. Erfolgreiche Mitarbeiterführung und Mitarbeitermotivation durch Vorbild ist nichts Gekünsteltes, sondern eine Frage der aufrechten inneren Einstellung und des authentischen Verhaltens. Dazu gehört es auch, eigene Schwächen zuzugeben, zu lernen und neugierig zu bleiben.

Abbildung 24: Die Vorbildfunktion wirkt nach innen und außen

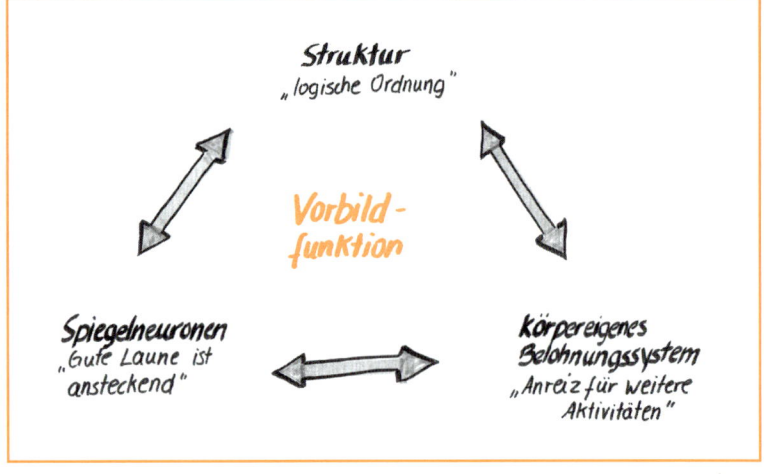

Vorbildfunktion ist das stärkste Instrument, um Inhalte zu vermitteln und Verhalten zu ändern.

Ihre Vorbildfunktion hat nicht nur eine Außen-, sondern ebenso eine Innenwirkung (siehe Abb. 24). Unser Hirn schüttet das Glückshormon Dopamin aus, wenn wir uns erfolgreich verhalten. Ein nettes Wort oder ein sympathisches Lächeln können das Belohnungssystem genauso aktivieren wie kleine Überraschungen oder eine unerwartete Anerkennung – wir fühlen uns wohl. Damit ist der Anreiz für weitere Aktivitäten gesetzt. Seien Sie sich über das körpereigene Belohnungssystem bewusst – über Ihr eigenes und das Ihres Gegenübers.

Unsere Spiegelneuronen, spezielle Nervenzellen in unserem Gehirn, machen uns zu mitfühlenden Wesen. Die Spiegelneuronen wurden vor einigen Jahren von Prof. Giacomo Rizzolatti entdeckt und gehören zu den wichtigen Erkenntnissen in der Gehirnforschung. Rizolatti beobachtete, als ein Affe nach einer Nuss griff, dass bestimmte Hirnregionen aktiv wurden. Das Erstaunliche daran ist jedoch, dass bei einem Affen, der selbst nicht nach einer Nuss griff, aber dem anderen Affen dabei zusah, die gleichen Gehirnregionen aktiviert wurden. Kurz:

> *Unser Hirn liebt freundliche Gesichter und bevorzugt positive Beziehungen.*

- ▶ Wir spiegeln uns also in dem, was andere tun.
- ▶ Wir erleben und empfinden, was andere tun, und fühlen uns ein.

Das passiert automatisch, ob wir das nun wollen oder nicht, ob uns das bewusst ist oder nicht. Deshalb denken Sie daran: „Gute Laune" ist ansteckend. Die Stimmung des Chefs wirkt sich unmittelbar auf die Performance der MitarbeiterInnen aus. Deren Tun färbt maßgeblich auf andere im Unternehmen ab. Es dauert keine 14 Tage, dann behandeln die MitarbeiterInnen ihre Kunden genauso, wie sie selbst von ihrem Chef behandelt werden.

Tipp

Stärken Sie die Eigenverantwortung Ihrer MitarbeiterInnen nach dem Prinzip „Vom Müssen zum Wollen". Unterstützen Sie diese, indem Sie es vormachen: *„Mein Anteil an der Situation war ...", „Ich habe noch keine Antwort gefunden ...", „Mein erster Schritt ist ...", „Meine Meinung zu dem Thema ist ..."*

Selbstführung fördern und einen guten Rahmen schaffen

Es gibt bereits zahlreiche Organisationen, die seit vielen Jahren selbstorganisiert arbeiten. Nehmen Sie sich diese als Modell wie z.B. W. L. Gore (Goretex). Nach dem offiziellen Motto „No Ranks, No Titles", also keine Hierarchie mit fest verankerten Chefs, organisiert sich das Weltunternehmen von innen selbst und sorgt damit im Außen für Verwunderung. Die Philosophie des Gründers Bill Gore: *„Mein Traum war es, ein Unternehmen mit großem Potenzial für alle zu schaffen, die dafür arbeiten. Eine starke Organisation, die persönliche Entfaltung fördert und die Fähigkeiten jedes Einzelnen zu einem Ganzen vervielfacht, das mehr ist als die Summe der einzelnen Teile."*

Fördern Sie die Selbstführung. Schaffen Sie Strukturen und Koordinierungsmechanismen. Definieren Sie Rollen und Prozesse, um Entscheidungen zu treffen und mit Konflikten umzugehen. Führen Sie Methoden und Werkzeuge ein, mit denen Entscheidungen getroffen werden können, die wirkungsvoller sind als endlose Diskussionen und Konsens.

Eine lebendige Lernkultur im Team gestalten

Im Team ist es wichtig, die tägliche Arbeit immer wieder zu reflektieren, zu transformieren und gemeinsam zu lernen. Eine gute Teamkultur entsteht, wenn aus den individuellen und gemeinsamen Erfahrungen gelernt wird und so Entwicklung möglich ist. Das fördert die Motivation, die Agilität und auch die Wettbewerbsfähigkeit im Team.

Eine gute Möglichkeit, als Führungskraft das Lernen im Team zu fördern: Etablieren Sie nach Abschluss eines Projektes oder einer größeren Aufgabe einen **„Reflexions-Workshop"**.

- ▶ Was ist in dem Projekt gut gelaufen?
- ▶ Was ist noch nicht so gut gelaufen?
- ▶ Was können wir zukünftig anders/besser machen?

Selbstreflexion: Die eigene Lernbereitschaft aktivieren

- ▶ Was hilft mir, Herausforderungen anzugehen?

  ....

- ▶ Wie kann ich Wettbewerb und Leistungsziele in Entwicklungsziele verändern?

  ....

- ▶ Wie nutze ich Feedback als Lernchance?

  ....

- ▶ Wie kann ich meine Komfortzone verlassen?

  ....

- ▶ Welche Wachstumschancen sehe ich in herausfordernden Situationen?

  ....

> ❯ Wie könnte ich die Weichen in Richtung Vertrauen und auf Lern-
> und Wachstumsbereitschaft stellen?
> ....
>
> ❯ Welche Strategien (mind. 3) könnte ich nutzen, um zu lernen, wie
> ich mein gewünschtes Ergebnis erziele?
> ....

Tipp

Wie können Sie voneinander und miteinander lernen. Gehen Sie auf Entdeckungsreise (auch genannt Learning Journey) im eigenen Unternehmen.
Viele komplexe Fragestellungen sind vielleicht schon an einer anderen
Stelle im Unternehmen gelöst worden. Es geht darum, sich von der eigenen Perspektive wegzubewegen und neue Ideen und Impulse aufzunehmen. Bereiten Sie sich gut vor: Zu welchen Fragen suchen Sie Inspiration?

Die Arbeit an der Kultur ist zeitintensiv und benötigt viel Aufmerksamkeit. Deshalb sollte das Thema Kultur ein fester Bestandteil Ihrer täglichen Arbeit als Führungskraft werden.

> „Sage es mir, und ich vergesse es;
> zeige es mir, und ich erinnere mich;
> lass es mich erfahren, und ich behalte es."
> – Konfuzius –

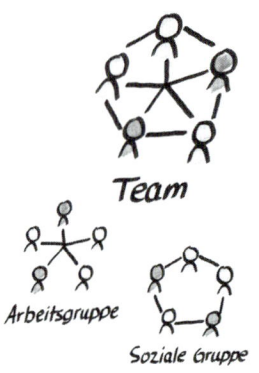

Der Begriff Team unterliegt in der heutigen Arbeitswelt einer gewissen Beliebigkeit. In den Unternehmen wird zwar häufig von Teamarbeit gesprochen, ein gemeinsamer Auftrag oder eine Aufgabe führt jedoch nicht automatisch dazu, dass ein Team auch gut funktioniert. In einem wirklichen Team ist das Gefühl der Zugehörigkeit auf rationaler und emotionaler Ebene vorhanden. Und: Nicht immer ist gleich ein Spitzenteam erforderlich. Wenn es z. B. um eine kurze Projektzusammenarbeit für rein operative Aufgaben geht, kann auch eine Arbeitsgruppe sinnvoll sein, die koordiniert und zielgerichtet zusammenarbeitet. Und dennoch: Bei den großen Herausforderungen und Change-Projekten in Unternehmen ist echte Teamleistung gefragt – die Einzelleistung reicht hier nicht mehr aus.

6.1 Wie wird die Arbeitsgruppe zum Team?

Die Menschen

Bei der Zusammensetzung Ihres Teams sollten Sie auf Vielfalt achten. Junge und erfahrene, weibliche und männliche Teammitglieder, unterschiedliche Fähigkeiten, Expertisen und Kulturen bereichern die Teamzusammenarbeit. Diese Diversity im Team ist zwar manchmal anstrengend, bringt dafür aber einen echten Mehrwert. Es gibt unterschiedliche Sichtweisen auf ein Thema, verschiedene Lösungswege und Herangehensweisen. Ganz neue Ideen und auch Innovationen können entstehen. Mischen Sie je nach Projekt: MitarbeiterInnen mit einer hohen Präzision, Detailkenntnis, Disziplin, Analyse- und Abstraktionsvermögen mit MitarbeiterInnen, die sich auszeichnen durch Spontanität, Ideenvielfalt, Durchhalte- und Durchsetzungsvermögen sowie Erfolgsstreben. Denken Sie auch an Teammitglieder mit einer hohen Intuition, Werte- und Sinnorientierung, Kontaktfreude, Empathie und Mensch-

Vielfalt bringt Mehrwert.

lichkeit. Sorgen Sie dafür, dass sich die MitarbeiterInnen laufend weiter qualifizieren, um ein ausgeglichenes Leistungsniveau zu erreichen.

Die Rollen

Als Führungskraft und TeamleiterIn sind Sie vor allem ein sensibler und genauer Beobachter, der die unterschiedlichen Rollen der einzelnen MitarbeiterInnen im Blick hat. Wer nimmt im Team welche Rolle ein. Wer hat die aktive Rolle? Diese Rolle beschreibt, was ein Mensch gerne sein möchte, z. B. der/die Tüchtige, der/die Erfolgreiche, der/die Geniale, der Künstler, der Umsetzer etc. Die passive Rolle ist hingegen die, die den einzelnen MitarbeiterInnen gerne von den anderen zugeschoben wird: die Richterin, der Diplomat, der Kummerkasten, der für die eher ungeliebten Aufgaben – „Du bist doch der Experte für Excel …". Beachten Sie auch die hierarchischen Positionen, die die Rangordnung in der Organisation beschreiben. Wer genießt welches soziale Ansehen, wer hat welchen Status? Welche formellen und informellen Rollen gibt es im Team – wer ist z. B. Abteilungsleiter, wer die „graue Eminenz"? Und achten Sie auf die biografischen Rollen – wer ist der oder die Dienstälteste? Wer hat die aufgabenbezogenen Rollen und koordiniert die Aktivitäten? Wer ist der Vermittler bei Konflikten und übernimmt die soziale Rolle? Und: Gibt es in Ihrem Team wichtige Rollen, die nicht besetzt sind?

Kultur fördern und wertschätzen

Bedingungslose Wertschätzung ist ein existenzielles Bedürfnis aller Menschen. Die im Projekt beteiligten Personen wertzuschätzen bedeutet, ihre Standpunkte, Werte und auch Gefühle ernst zu nehmen. Sich für sie zu interessieren und sie verstehen zu wollen, zeichnet eine Beziehung auf Augenhöhe aus. Auch dann, wenn man selbst anderer Meinung ist. Die Voraussetzung für diese offene Haltung ist ein reflektiertes eigenes Wertesystem und -verständnis, das anderen gegenüber entsprechend formuliert werden sollte.

So bringen Sie **Wertschätzung** in Ihre Teams:
- Lassen Sie ausreden und akzeptieren Sie andere Meinungen.
- Halten Sie Termine ein, informieren Sie rechtzeitig und offen.
- Lassen Sie andere Ideen zu und freuen Sie sich über das Engagement Ihrer Teammitglieder.
- Sprechen Sie regelmäßig Anerkennung für gute Leistungen aus.
- Vertrauen Sie auf das Können Ihrer ProjektmitarbeiterInnen, auch wenn die Vorgehensweise eine andere ist als Ihre eigene.
- Achten Sie auf die Art und Weise der Formulierungen, der Betonung und auf den Umgang in Gesprächen miteinander.

Mit Performance zum Spitzenteam

Wer ein Team führt, weiß meist viel von kleineren und größeren Turbulenzen sowie den Wellen der Teamdynamik zu berichten, die es zu meistern gilt. Der Weg zum Spitzenteam führt manchmal über holprige Wege. Deshalb lassen Sie sich Zeit für den Teamentwicklungsprozess.

- **Fokussieren Sie auf Lösungen:** Sprechen Sie über Lösungen statt über Probleme.
- **Bauen Sie auf Erfolgen auf:** Wenn etwas gut funktioniert, tun Sie mehr davon.
- **Beleuchten Sie die Ressourcen:** Welche Kompetenzen und Fähigkeiten gibt es in Ihrem Team?
- **Gewinnen Sie neue Sichtweisen:** Verändern Sie immer wieder den Fokus der Aufmerksamkeit.

Wenn die Teammitglieder gut zusammenarbeiten, erreichen sie ausgezeichnete Leistungen und begeistern ihr Umfeld: Chef, Geschäftsleitung, Kunden und KollegInnen. Team-Spirit ist an einem starken Zusammengehörigkeitsgefühl und guten Dialog zu erkennen. Doch Vorsicht vor besonders stark ausgeprägtem Wir-Gefühl: Das Team ist so sehr auf Harmonie bedacht, dass es abweichende Meinungen und Zweifel ausgrenzt. Dadurch können Fehlentscheidungen und schlechte Arbeitsergebnisse entstehen. Achten Sie darauf, dass sich aus Ihrem Team kein Kuschelteam entwickelt. Ermutigen Sie stattdessen immer wieder alle, auch in schwierigen Situationen Meinungen zu äußern, die nicht gruppenkonform sind.

Im Dialog sein und bleiben

„Wenn einer nicht mehr mit Dir redet, dann will er damit etwas sagen."
– Joachim Panten –

Wie können die Arbeitsabläufe im Team und auch an den Schnittstellen zu anderen Abteilungen verbessert werden? Diesen Punkt sollten Sie fest auf die Agenda für Ihre Meetings nehmen. Was läuft gut? Was läuft noch nicht so gut in der Zusammenarbeit? Diese zwei Fragen bringen schnell die Themen auf den Tisch. Gemeinsam können Sie dann Lösungen erarbeiten. Das motiviert und sorgt für eine gute Stimmung. Außerdem sollte stets geklärt werden, wie der Infofluss im Team läuft: Wer informiert wen unaufgefordert und vor allem wie, damit alle wichtigen Informationen reibungslos hin- und herlaufen?

Es ist wichtig, dass Sie verschiedene Möglichkeiten für den gegenseitigen Austausch schaffen. Der Klassiker ist das Teammeeting oder der Jour-fixe-Termin, im agilen Umfeld ist es das Daily Meeting oder das Taskboard, die sich durch eine klare Struktur und ein enges Timeboxing auszeichnen (siehe S. 125 ff.).

6.2 Methoden der agilen Teamarbeit

In der agilen Zusammenarbeit sind Selbstorganisation, Kollaboration, Improvisation, Konsultation und Dialog leitende Prinzipien. Die Teammitglieder entscheiden eigenständig, was sie auf welche Art und Weise mit welchen Tools erledigen. Sie haben den Kunden – nicht den Chef – im Blick. Nach dem Scrum-Prinzip wird die Arbeit mithilfe von Visualisierungen mit Scrum-Boards in Aufgaben und Pakete zerlegt und priorisiert. So entsteht eine hohe Transparenz und die Projekte können auch engpassorientiert geführt werden. Hierarchische Koordinationsmethoden wie sie durch die klassische Rolle des Projektleiters, durch Steuerungskreise und Ausschüsse definiert sind, entfallen. Selbstorganisationsformate wie „Daily Stand-up Meeting", Kanban-Board, Delegation Poker und Systemisches Konsensieren treten an ihre Stelle. So funktionieren sie …

Vorgehensweisen zu den agilen Methoden als Download verfügbar

6.2.1 Das Daily oder: die Tasse Kaffee im Stehen

Das Daily (Kurzform von Daily Stand-up Meeting) ist ein wirkungsvolles Instrument, um die Arbeit im Team und jedes Einzelnen effizienter zu gestalten und die Selbstorganisation zu fördern. Das Tool kommt aus dem Projektmanagement und hat sich bereits in vielen Unternehmen als Statusmeeting im Tagesgeschäft etabliert mit dem Ziel, dass bestimmte Tätigkeiten, Projekte oder Teile fokussiert erledigt werden. Im Idealfall dauert das Daily je nach Teamgröße max. 20 Minuten. Das Meeting kann außerdem rollierend moderiert werden, so üben sich alle Teammitglieder auch gleich in Moderationstechniken.

Und so geht's: Die TeilnehmerInnen stehen oder sitzen in einem Halbkreis um ein Kanban-Board, eine Pinnwand oder ein Whiteboard, auf dem die To-Dos visualisiert sind. Nun informiert jeder jeden über folgende drei Punkte:

- ❥ Was habe ich seit dem letzten Daily geschafft?
- ❥ Was plane ich bis zum nächsten Daily zu tun und wie viel Zeit plane ich mir dafür ein?
- ❥ Welche Hindernisse gab es bei der Umsetzung meiner Aufgaben?

Oder auch noch kürzer formuliert:
- ❥ Woran habe ich gestern gearbeitet?
- ❥ Woran werde ich heute arbeiten?
- ❥ Was behindert mich bei der Arbeit?

Das Daily fördert
Selbstlernkompetenz
und Zusammen-
arbeit.

Das Daily unterstützt die Selbstlernkompetenz jedes Einzelnen: Habe ich mein Zeitfenster richtig geplant? Wo brauche ich die Unterstützung von anderen? Neben der Selbstorganisation fördert es die Teamhygiene. Die Zusammenarbeit wird verbessert und alle sehen sich gegenseitig gefordert, ihre eigenen Aufgaben realistisch zu planen. Es zählt das Voneinander-Lernen und Miteinander-zum-Erfolg-Kommen. Was das Daily dabei nicht ist: eine Rechtfertigung gegenüber der Führungskraft. Bewährt hat es sich übrigens, das Daily im Stehen durchzuführen, so kommt der Körper gleich morgens in Schwung. Ansonsten gelten folgende Prinzipien:

- Es gibt keinen Grund, das Daily ausfallen zu lassen.
- Anderweitige Telefonate und Termine werden – soweit möglich – erst im Anschluss angesetzt.
- Small Talk ist nicht erwünscht.

6.2.2 Das Kanban-Board

„Kanban" ist die japanische Bezeichnung für Karte oder Schild. Die Methode wurde bereits 1947 von Taiichi Ohno bei Toyota entwickelt. Das Ziel war damals, die Fertigung effizienter zu machen und vor allem die Lagerungskosten für Material und (halb-)fertige Autos zu senken. Herr Ohno entwickelte zur Prozesssteuerung ein dezentrales „Pull-System". Es wurde nur noch Material gelagert, das aktuell für die Produktion oder Logistik benötigt wurde. An den einzelnen Stationen in der Fertigung wurden von da an Entnahmen über Karten dokumentiert (Kanban).

Im Projektmanagement ist Kanban seit vielen Jahren ein fester Standard. Die Methode zeigt relativ schnell auf, welche Aufgaben aktuell zu erledigen sind, und regt dazu an, Aufgaben zu Ende zu bringen, bevor neue begonnen werden. Es gelten zwei Prinzipien:

1. Es soll die gleichzeitige Arbeit an mehreren Aufgaben (Work in Progress) begrenzt werden.
2. Alle relevanten Aufgaben für das Projekt werden visualisiert und sind für alle Beteiligten gut sichtbar.

Das Kanban-Board unterstützt das „Pull-Prinzip" und stärkt das eigenverantwortliche Arbeiten der MitarbeiterInnen. Jeder entscheidet selbst, welche Aufgabe er als Nächstes bearbeitet.

Und so geht's:

1. Definieren Sie die Anforderungen und **erstellen Sie dann eine To-do-Liste:**
   - Was ist das Ziel des Projektes?
   - Was muss das Produkt/der Artikel leisten können?
   - Was sind die konkreten Aufgaben, die sich daraus ergeben?

2. Legen Sie nun die **Aufgabenkarten** an: Beschreiben Sie die Aufgabe so einfach, aber konkret wie notwendig. Erstellen Sie einen Task auf einer Kanban-Karte. Ergänzen Sie – wenn möglich – eine Zeitschätzung und wer für die Aufgabe zuständig ist.

3. Erstellen Sie ein Kanban-Board und **visualisieren Sie die Aufgaben:** Sie können das Board mit drei oder fünf Spalten führen (siehe Abb. 25). Wenn Sie mit drei Spalten arbeiten, teilen Sie das Board wie folgt ein:
   - Links: noch nicht begonnen
   - Mitte: in Bearbeitung
   - Rechts: erledigt!

4. Nun werden die **Karten** nach dem Pull-Prinzip **gezogen**: Jede/r MitarbeiterIn zieht eine Karte mit der Aufgabe, die er/sie als Nächstes bearbeiten will. Diese rückt auf dem Kanban-Bord eine Stufe weiter in die Mitte. Achten Sie als Führungskraft oder TeamleiterIn darauf, dass in der Mitte nicht zu viele Karten hängen und erinnern Sie ggf. an das Prinzip, sich auf eine Aufgabe zu konzentrieren und diese fertigzustellen.

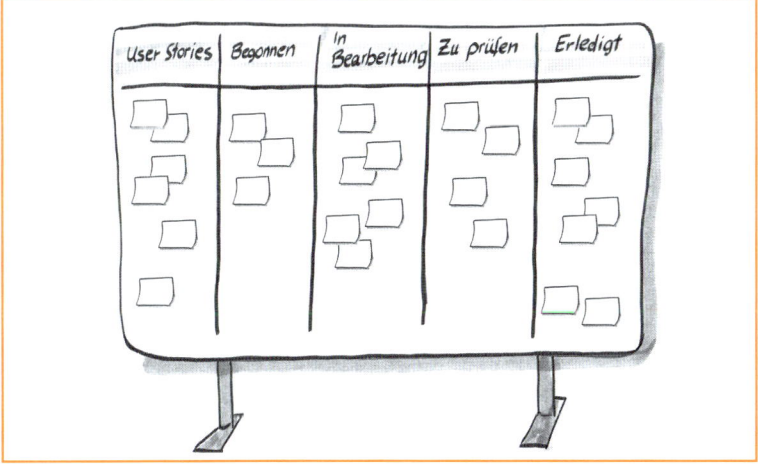

Abbildung 25:
Das Kanban-Board

5. **Aufgaben abschließen:** Ist die Aufgabe erledigt, wandert sie nach rechts und der/die MitarbeiterIn zieht sich eine neue Aufgabe aus der linken Seite bzw. springt ein, falls Engpässe entstehen.

Achten Sie darauf, dass das Projekt bzw. die Aufgaben im Fluss bleiben. Sollte sich ein Stau im mittleren Bereich ergeben, gilt es, Aufgaben anders zu verteilen oder aufzuteilen.

Sie können natürlich auch virtuelle Varianten der Kollaborationstools nutzen. Das erleichtert die Zusammenarbeit im Remote-Modus (z.B. Evernote, OneNote, Trello, Slack).

6.2.3 Delegation Poker

Delegieren ist für viele Führungskräfte mit oder ohne disziplinarische Führungsverantwortung eine Herausforderung. Dass es dabei nicht nur schwarz und weiß, sondern auch viele Graustufen gibt, wird häufig vergessen. Vom autoritären Anweisen bis zum selbstorganisierten Pull-Prinzip sind alle Facetten vertreten. Doch wie findet man als Führungskraft das richtige Maß?

Lernziele des Delegation Poker

Die Methode „Delegation Poker" wurde von Jurgen Appelo entwickelt und bietet eine spielerische wie innovative Herangehensweise, den Grad der Delegation abzuwägen und für das Team die beste Entscheidung zu treffen. Der Ansatz ähnelt dem „Planning Poker", das aus dem Scrum bekannt ist. Das Spiel hat drei Lernziele:

- ▶ **Delegation ist keine binäre Entscheidung.** Zwischen Anweisung und Voll-Delegation gibt es verschiedene Möglichkeiten zu delegieren
- ▶ **Delegation ist ein schrittweiser Prozess.** Jedem Kollegen kann schrittweise ein größeres Maß an Selbstorganisation ermöglicht werden.
- ▶ **Delegation ist situationsabhängig.** Bei dem Ziel, so viel wie möglich zu delegieren, kann man auch über das Ziel hinausschießen.

Und so geht's: Überlegen Sie sich vor Beginn des Spiels mit Ihrem Team Szenarien, in denen Entscheidungen getroffen werden müssen. Dies können Möglichkeiten zur Ausgestaltung des Projekts, zur Einstellung neuer Teammitglieder oder andere Themen sein. Als Moderator sollte man eine Sammlung von einigen (10 bis 15) Beispielsfällen vorbereitet haben, an denen sich das Delegationsmaß diskutieren lässt.

Beispiel: Sie wollen Ihr erfahrenes Vertriebsteam bei der Auswahl eines neuen CRM-Systems einbeziehen. Welche Delegationsstufe wählen Sie für die Entscheidung über die Software?

Delegation Poker wird in Gruppen von drei bis sieben Personen gespielt. Die TeilnehmerInnen wiederholen rundenweise die folgenden Schritte:

Link zur ausführlichen Anleitung auf S. 141

1. Jeder Spieler erhält einen Satz Karten. Diese sind von „1" bis „7" durchnummeriert. Jede Nummer steht für eine unterschiedliche Ebene der Delegation (s.u.).
2. Ein/e TeilnehmerIn liest den Beispielsfall laut vor. Bei Bedarf werden Verständnisfragen gestellt.
3. Jeder Spieler überlegt sich – im Stillen – welchen Delegationsgrad er bei dieser Entscheidung bzw. Aufgabe wählen würde.
4. Wenn alle Spieler sich entschieden haben, werden die Karten aufgedeckt.
5. Die Spieler mit den jeweils höchsten und niedrigsten Werten begründen jetzt ihre Entscheidung unter Beachtung eines vorgegebenen Zeitfensters.
6. In einer weiteren Runde lassen Sie ggf. erneut „pokern".
7. Fixieren Sie die Ergebnisse schriftlich, beispielsweise auf einem „Delegation Board".
8. Als zusätzliche Regel denkbar: Lassen Sie den jeweils höchsten oder niedrigsten Wert außen vor, sofern dieser nur von einem Teammitglied gezogen wurde.

Die sieben Ebenen der Delegation

1. **„Verkünden"**: Die Führungskraft teilt dem Team lediglich die Entscheidung mit.
2. **„Verkaufen"**: Die Führungskraft entscheidet und versucht, das Team von der Richtigkeit der Entscheidung zu überzeugen.
3. **„Befragen"**: Die Führungskraft holt vor ihrer Entscheidung Rat beim Team ein.
4. **„Einigen"**: Team und Führungskraft bemühen sich, einen Konsens zu finden.
5. **„Beraten"**: Das Gleichgewicht verschiebt sich in die andere Richtung: Die Führungskraft berät sich mit dem Team. Die Entscheidung trifft die Führungskraft.
6. **„Erkundigen"**: Das Team trifft die Entscheidung. Die Führungskraft erkundigt sich nach dem Ergebnis.
7. **„Delegieren"**: Das Team entscheidet vollkommen autonom.

> **Tipp**
>
> Gerade wenn Sie als Führungskraft bestrebt sind, Ihr Team zu ermächtigen und noch nicht so genau wissen wie, ist „Delegation Poker" ein perfektes Tool. Sie können sich der Thematik nähern, ohne ein großes Risiko für vorschnelle Entscheidungen einzugehen. Im Dialog mit Ihrem Team entwickeln Sie ein gutes Gefühl für den passenden Grad der Delegation.

6.2.4 Systemisches Konsensieren

Wie werden in Ihrem Unternehmen Entscheidungen getroffen? Top down (hierarchisch), im Konsens (im 24-Stunden-Meeting ;-))oder durch einen Mehrheitsentscheid?

In der Regel werden Entscheidungen nach dem Mehrheitsprinzip, einem Ausscheidungsverfahren oder mit Priorisierungsmethoden getroffen. Was dabei meist außer Acht bleibt, sind Einwände oder Widerstände der Beteiligten. Das Systemische Konsensieren (kurz: SK-Prinzip) geht auf das Prinzip des „Konsent" zurück (*„Ja, ich habe keinen schwerwiegenden Einwand dagegen."*). Eine Entscheidung wird nach den größtmöglichen Übereinstimmungen getroffen bzw., wenn keine begründeten Einwände mehr vorgebracht werden. Statt „Die Mehrheit ist dafür" gilt die Regel: „Niemand ist dagegen."

Jeder Einwand wird gehört und wertgeschätzt.

Das Systemische Konsensieren eignet sich beispielsweise sehr gut bei Projekten, in denen es zäh vorangeht, Teammitglieder keine Verantwortung übernehmen oder einfach mal abwarten, wodurch wertvolles Potenzial ungenutzt bleibt. Unerfüllte Bedürfnisse zeigen sich in Widerständen oder Konflikten. Projekte ziehen sich dadurch in die Länge und die mitarbeitenden Personen sind unzufrieden.

Das Ziel der SK-Methode ist es, tragfähige Gruppenentscheidungen hervorzubringen. Einwände werden aufgegriffen und alle Beiträge werden wertgeschätzt. Dies fördert gleichermaßen das Commitment im Team wie die persönliche Selbstorganisation und selbstverantwortliches Handeln. Tragfähig bedeutet dabei nicht, die Entscheidung mit der höchsten Zustimmung zu treffen, sondern mit der höchsten Akzeptanz im Team.

Entscheidungen bestehen nicht nur aus einem „Ja" oder „Nein". Es gibt K.-o.-Zonen und O.K.-Zonen. Das SK-Prinzip will, dass sich alle Beteiligten mit ihrer Meinung in der O.K.-Zone wiederfinden. Ein Einwand wird nicht gleich als Gegenstimme oder Ablehnung verstanden, es wird

Abbildung 26:
K.-o.- und O.K.-Zone
einer Entscheidung

vielmehr darauf geachtet, in welchem Bereich zwischen K.-o.-Zone und
O.K.-Zone die Meinung des Betreffenden steht (siehe Abb. 26).

Die **Grundannahmen des SK-Prinzips** lauten:
- ▶ Jeder Einwand wird gehört und wertgeschätzt.
- ▶ Widerstände enthalten wichtige Informationen und Bedürfnisse.
- ▶ Akzeptanz bedeutet nicht gleich Zustimmung.
- ▶ Einwände sind das Potenzial der Entscheidung.
- ▶ Die Frage nach der Passiv-Lösung (*„Was passiert, wenn wir kei-
  nen der Vorschläge annehmen?"*) ist Teil des Prozesses.
- ▶ Entscheidungen werden nach der höchsten Akzeptanz bzw. dem
  geringsten Gruppenwiderstand getroffen.
- ▶ Es gibt kein Veto.
- ▶ Enthaltungen gibt es nur, wenn die Person von der Entscheidung
  nicht betroffen ist.

Stellen Sie die Methode Ihrem Team vor, bevor Sie mit dem Konsensieren beginnen. Erklären Sie Ihrem Team das Ziel, die Vorgehensweise
sowie die Unterschiede zu bekannten Entscheidungsverfahren. Als
erste Übung können Sie die Entscheidung, ob Sie die SK-Methode ausprobieren, selbst zum Konsensieren nutzen. Damit ist die Hürde niedrig
und Sie sammeln mit Ihrem Team erste Erfahrungen.

Vor jeder Gruppenentscheidung sind zwei Dinge zu klären:

1. **Befugnis:**
   - Hat die Gruppe die Befugnis, eine Entscheidung zu treffen?
   - Welchen Entscheidungsrahmen hat die Gruppe?
2. **Verbindlichkeit:**
   - Wie verbindlich ist die Lösung?
   - Was machen wir mit der Lösung?

Vereinfachtes Konsensieren in sechs Schritten – so geht's:

1. **Klären Sie die Rolle des Moderators:** Ist er/sie neutral oder Teil des Teams und stimmt mit ab? Holen Sie sich ggf. einen externen, mit der Methode vertrauten, Moderator hinzu.

2. **Formulieren Sie in der Gruppe die Fragestellungen,** die zur Entscheidung anstehen: *„Welche Frage muss beantwortet werden, um das Problem zu lösen?"*
   – Hier dürfen viele Punkte genannt werden. Lassen Sie Kreativität beim Generieren von Ideen zu. Viele Möglichkeiten können die Qualität einer tragfähigen Lösung erhöhen.
   – Es kann natürlich auch eine einzelne Entscheidung konsensiert werden.

3. **Formulieren Sie die Passivlösung** und zeigen Sie Konsequenzen auf.
   – „Was passiert wenn keine Entscheidung gefällt wird?"
   – „Was passiert wenn wir keinen der Vorschläge annehmen?"

4. **Sammeln Sie Widerstands-Punkte** für die einzelnen Ideen (inkl. Passivlösung): „Gibt es Einwände, dass …?" Die TeilnehmerInnen können dabei ihren Einwand unterschiedlich stark zum Ausdruck bringen:
   – 0 Punkte = keinen Einwand: eine Hand auf die Brust oder „Hand aufs Herz"
   – 1 Punkt = leichter Einwand: eine Hand heben
   – 2 Punkte = starker Einwand: beide Hände heben
   Die Einwände werden in der Summe notiert. Es braucht keine Diskussion über die Einwände. Der Einwandgebende kann – wenn er/sie es möchte – seine Beweggründe der Gruppe mitteilen. Jede Abstimmung wird akzeptiert.

5. Kommen **neue Informationen oder Ideen** hinzu, wird darüber ebenfalls systemisch konsensiert. Es ist auch möglich, dass Vorschläge z. B. aufgrund neuer Informationen zurückgezogen werden.

6. Fortsetzungsfrage an die Gruppe: **Wie gehen wir mit dem Ergebnis um?**
   – Ein Ergebnis mit der höchsten Akzeptanz: Dieser Vorschlag wird angenommen.
   – Mehrere Ergebnisse mit hoher Akzeptanz: Vorschläge werden parallel umgesetzt oder es werden Prioritäten vergeben.

– Alle Ergebnisse mit niedriger Akzeptanz: weitere Lösungssuche und Austausch.

Wichtig: Die Machbarkeit der Entscheidung sollte bereits während des Prozesses immer wieder geprüft werden, z. B. mit der Frage: *„Gibt es Menschen, die das umsetzen?"*

Folgende Dinge erweisen sich beim Einsatz des Systemischen Konsensierens als sehr hilfreich:

- Fragen Sie nicht nach Zustimmung, sondern nach Einwänden.
- Bedanken Sie sich für Einwände, in ihnen steckt viel Potenzial.
- Für erste Erfahrungen mit der Methode eignen sich wenig konfliktbehaftete Themen oder gut eingespielte Teams.
- Zeigen Sie Rollenklarheit: Sind Sie gerade neutraler Moderator oder beteiligte Führungskraft auf Augenhöhe?
- Lassen Sie die Abstimmung zeitgleich stattfinden. Ansonsten orientieren sich die Teammitglieder an der Führungskraft oder anderen Meinungsbildnern.
- Bei Gleichstand von Ideen können diese nach dem Mehrheitsentscheid getroffen werden.
- Sehen Sie die Methode als eine Möglichkeit zu mehr Selbstorganisation.
- Trainieren Sie Ihre Moderationsfähigkeiten. Diese sind wesentlich für einen gut geführten Prozess.
- Der/die neutrale ModeratorIn gibt keine Tipps, Ratschläge oder Empfehlungen. Diese kommen allein aus der Gruppe heraus. Ausnahme: Die Gruppe entscheidet nach der SK-Methode, dass Sie sich als ModeratorIn mit einbringen.

Zu guter Letzt: Bei Teams, die noch sehr hierarchisch organisiert sind, braucht das SK-Prinzip die Zustimmung der Führungsebene. Wir empfehlen zur sicheren Anwendung der Methode einen Workshop mitzumachen. Das Systemische Konsensieren kann in zwei bis drei Tagen gut erlernt werden. Und danach braucht es einfach Übung.

7 Führen macht Spaß

Viele Unternehmen stehen vor einer ganz großen Herausforderung: Sie überaltern. Es drängen zwar junge MitarbeiterInnen in die Unternehmen. Sie sind allerdings zahlenmäßig noch deutlich in der Unterzahl. Die Generation Y und Generation Z, die auf der ganzen Welt Freunde haben, mit Social Media groß geworden sind, selbstverständlich selbstorganisiert arbeiten und auch richtig gut ausgebildet sind, bringen alle Voraussetzungen mit, die Zukunft aktiv zu gestalten. Sie treffen auf die Baby Boomer der geburtenstarken Jahrgänge, die geprägt sind von Machtstreben sowie Wettbewerbs- und Erfolgsdenken. Bei der Generation X ist zwar schon eine Veränderung erkennbar. Allerdings haben sie „Führung" von den Baby Boomern gelernt. Dieser Umlernprozess ist in Gang gesetzt – er braucht Zeit, Geduld und Training.

Das macht es oftmals so schwierig, ein neues Mindset und eine neue Führungskultur in den Unternehmen zu etablieren. Status, Macht und alte Strukturen werden von vielen Unternehmen weiterhin unterstützt. Ein neues Mindset von Eigenverantwortung, Selbstorganisation und des Miteinanders ist noch nicht etabliert. Und das wiederum hindert viele junge Menschen daran, in Führungspositionen zu gehen und neue Formen des Arbeitens und des Denkens zu leben. Sie stellen in den Unternehmen noch nicht die „kritische Masse".

Wir haben nachgefragt: Wollt Ihr Führungskraft werden oder seid es schon? Wenn ja, aus welchem Grund? Und wenn nein, aus welchem Grund?

„Ich bin seit relativ kurzer Zeit (9 Monate) Teamleiterin eines sehr kleinen Teams und ich hätte es mir wesentlich leichter vorgestellt. Es ist schon sehr herausfordernd und man ertappt sich selbst dabei, dass man nicht immer als Vorbild vorangeht. Aber es ist eine spannende Aufgabe und man kann in einer Führungsposition doch eher etwas bewegen als ohne Führungsposition. Für die persönliche und berufliche Weiterentwicklung kann ich es nur empfehlen,

eine Führungsposition anzustreben. Allerdings sollte man sich dieser Verant-
wortung auch stets bewusst sein."

„Ich war bereits Führungskraft und möchte auch wieder in eine Führungsposi-
tion. Warum? Weil es mir Spaß macht, gemeinsam im Team Ziele zu formulie-
ren und diese dann auch zu realisieren. Dieser Prozess ermöglicht ein Fördern
des einzelnen Mitarbeiters. Diese Eigendynamik kann enorme Kräfte innerhalb
eines Unternehmens freisetzen und so einen Teil meiner Selbstverwirklichung
befriedigen. Erfolg haben – Erfolg leben – Erfolg geben!"

„Führen macht Spaß. Man kann Menschen helfen, zu wachsen und sich wei-
terzuentwickeln. Man lernt sehr viel über sich selbst. Und natürlich kann man
als Führungskraft mehr Einfluss nehmen auf die Entwicklung des Unterneh-
mens bzw. der Institution, für die man tätig ist. Man erhöht also den Gestal-
tungsspielraum!"

„Ich war mal Teamleiterin, was auch mein Ziel war, weil ich mich so für meine
Abteilung und meine Mitarbeiter einsetzen und ‚Das große Donnerwetter', das
zur Demotivation führen kann, abwehren konnte. Zumindest war es mir wich-
tig, das fernzuhalten. Ich habe die Informationen in meinen eigenen Worten
und sachlich vermittelt."

„Ja, weil ich gerne gemeinsam mit anderen Menschen Probleme löse und
glaube, dass ich dabei helfen kann."

„Ja. Ich finde es spannend, ein Team zu führen und zusammen etwas zu
schaffen."

Befragt haben wir angehende und sehr erfahrene Führungskräfte aus der
freien Wirtschaft – männlich wie weiblich (Auszüge).

Der Einfluss der Werte auf den Wandel

Mit diesem Buch wollen wir Mut machen, die Führungsrolle anzunehmen, die Unternehmen aktiv mitzugestalten und neue Wege zu gehen.
Das Buch soll jungen Führungskräften Wissen, Methoden und Ideen an
die Hand geben, um mit Spaß und Freude Führung in den Unternehmen
zu übernehmen.

Und wir bitten die Baby Boomer und die Generation X, die neue Generation der Führungskräfte aktiv zu unterstützen, auch wenn das
bedeutet, die eigene Komfortzone zu verlassen. Das wird ein „Über-den-

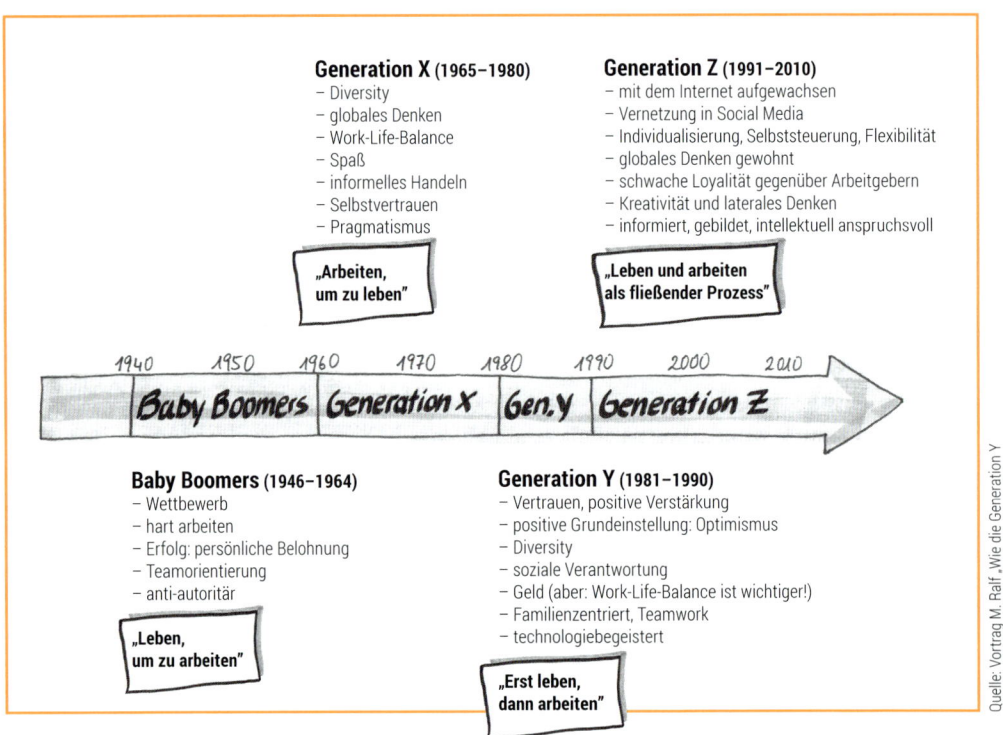

Generation X (1965–1980)
- Diversity
- globales Denken
- Work-Life-Balance
- Spaß
- informelles Handeln
- Selbstvertrauen
- Pragmatismus

„Arbeiten, um zu leben"

Generation Z (1991–2010)
- mit dem Internet aufgewachsen
- Vernetzung in Social Media
- Individualisierung, Selbststeuerung, Flexibilität
- globales Denken gewohnt
- schwache Loyalität gegenüber Arbeitgebern
- Kreativität und laterales Denken
- informiert, gebildet, intellektuell anspruchsvoll

„Leben und arbeiten als fließender Prozess"

1940 1950 1960 1970 1980 1990 2000 2010

Baby Boomers | Generation X | Gen.Y | Generation Z

Baby Boomers (1946–1964)
- Wettbewerb
- hart arbeiten
- Erfolg: persönliche Belohnung
- Teamorientierung
- anti-autoritär

„Leben, um zu arbeiten"

Generation Y (1981–1990)
- Vertrauen, positive Verstärkung
- positive Grundeinstellung: Optimismus
- Diversity
- soziale Verantwortung
- Geld (aber: Work-Life-Balance ist wichtiger!)
- Familienzentriert, Teamwork
- technologiebegeistert

„Erst leben, dann arbeiten"

Quelle: Vortrag M. Ralf „Wie die Generation Y Prioritäten und Abläufe verändert"

Abbildung 27: Wertvorstellungen von Baby Boomers bis Generation Z

eigenen-Schatten-Springen", „Neugierig-an-Dinge-Herangehen", „Neues-Ausprobieren" und „Neue-Erfahrungen-Machen" erfordern. Denn die Unternehmen, die gerade die Schlagzeilen bestimmen und uns beeindrucken, stammen aus der Generation Y. Sie haben ihre Unternehmen oft schon mit 20 Jahren gegründet und schreiben Erfolgsgeschichten, z. B. durch die geniale Entwicklung einer App oder eines innovativen Produkts. Vielleicht werfen Sie einmal einen Blick auf das Silicon Valley in Kalifornien. Der Wirtschaftsjournalist Christoph Keese beschreibt in seinem Buch „Was aus dem mächtigsten Tal der Welt auf uns zukommt" sehr anschaulich die Zukunft der Arbeit.

Abschließend sind hier die wichtigsten Impulse zusammengefasst. Vielleicht ist der passende für Sie dabei …

▶ Stellen Sie Wissen der gesamten Organisation zur Verfügung.
▶ Seien Sie selbst Rollenmodell und Vorbild in Ihren Werten und in Ihrem Handeln.
▶ Geben Sie Freiraum für eigene Entscheidungen – das erhöht die Motivation Ihrer MitarbeiterInnen.

- Geben Sie Kontrolle ab und setzen Sie auf die Lösungsfähigkeiten und Potenziale Ihrer MitarbeiterInnen; sie sind erwachsene Menschen.
- Investieren Sie in Ihre MitarbeiterInnen. Entwickeln Sie ihre Stärken, erfragen Sie deren Bedürfnisse. Reden Sie miteinander. Hören Sie hin. Verabschieden Sie sich vom „Ja, aber …". Tauschen Sie sich aus, entwickeln Sie gemeinsam neue Regeln und lösen Sie gemeinsam Konflikte.
- Das Credo der Arbeitswelt 4.0 lautet: zu jeder Zeit, an jedem Ort. Ihre MitarbeiterInnen tun es schon lange: zeitgemäß kommunizieren und netzwerken. Smartphones, Tablets und Notebooks sind keine Statussymbole mehr, sondern notwendige Tools für die virtuelle Kollaboration.
- Gestehen Sie sich ein, dass in disruptiven Zeiten keiner weiß, was das Morgen bestimmt. Ihre Ziele hängen nicht nur von Visionen und Businessplänen ab, sondern von dem, was heute möglich ist. Manchmal ist die Strategie von Tim Mälzer vielleicht genau die richtige: Kühlschrank auf, Inhalt scannen, Rezept ausdenken und sofort ein leckeres Gericht zubereiten. Wenn es gut ankommt, haben Sie Ihr erstes Ziel erreicht. Wenn nicht, dann verändern Sie etwas.
- Hinterfragen Sie kritisch, haken Sie Überflüssiges ab, sorgen Sie für eine gute Organisationshygiene und entrümpeln Sie regelmäßig (der Management-Vordenker Fredmund Malik nennt es systematische Müllabfuhr von Ballast – was Schreibtisch und Kopf gleichermaßen betrifft).
- Gehen Sie neue Wege, auch wenn die Mission (wie damals beim Raumschiff Enterprise) noch ungewiss ist.
- Dringlichkeit in der Veränderung erzeugt Klarheit, Entschlossenheit erzeugt Anerkennung und Respekt. Dafür gibt es kein Navi und auch keine Pillen. Umwege und Sackgassen gehören dazu.
- Schaffen Sie gute Bedingungen für die Zusammenarbeit – setzen Sie, wo immer und so gut es geht, cross-funktionale Teams auf, um die Vernetzung und das „Mehrhirndenken" im Unternehmen zu fördern.
- Sorgen Sie für Gelassenheit und gute Stimmung.
- Freuen Sie sich über die „Magic Moments", wenn Projekte gelingen, wenn Führung leicht geht, wenn Sie positives Feedback von Ihren MitarbeiterInnen bekommen, wenn die Kunden zufrieden sind und Sie weiterempfohlen werden.
- Geben Sie die Verantwortung in Ihre Teams, damit diese schnell auf die Marktanforderungen reagieren können.

> Genießen Sie es, wenn Sie in der Zusammenarbeit Spaß und Freude haben, wenn Sie gemeinsam herzlich lachen können. Wenn es einfach Spaß macht, zu führen.
> Und machen Sie auch den jüngeren MitarbeiterInnen Mut, Führung zu übernehmen, wecken Sie die Lust darauf mit Erfolgsgeschichten und positiver Ausstrahlung. Es ist schön und wichtig, wenn junge Menschen Verantwortung übernehmen wollen und mitgestalten. Laden Sie dazu ein.

Und noch eins – dann ist Schluss für heute ;-)

Nehmen Sie Ihre MitarbeiterInnen mit, wenn Sie ab morgen agile Methoden in der Führung einsetzen, und geben Sie Ihrem Umfeld Zeit, ein agiles Mindset zu entwickeln. Beantworten Sie die Fragen Ihrer MitarbeiterInnen schon, bevor sie gestellt werden: agile Methoden, aus welchem Grund? Warum jetzt? Was heißt das für Ihre MitarbeiterInnen ganz konkret? Welche Vorteile hat es? Welche Nachteile könnte es mit sich bringen? Was erwarten Sie von Ihren MitarbeiterInnen, Ihrem Team? Wie wollen Sie vorgehen? Was bleibt konstant? Was verändert sich?

Service

Literaturverzeichnis

- Blickhan, D. (2015): Handbuch zur Ausbildung Angewandte Positive Psychologie Level 1 & Level 2 Positive Leadership. Inntal Institut, Bad Aibling.
- Blickhan, D./Blickhan, C. (2009): Handbuch zur Ausbildung NLP-Practitioner DVNLP. Inntal Institut, Bad Aibling.
- Bodell, L./Wegberg, T. A. (2013): Kill the Company: 12 Killer-Tools für die Wiedergeburt Ihres Unternehmens. Campus, Frankfurt/M.
- Brown, J./Isaacs, D.: Das World Café - Kreative Zukunftsgestaltung in Organisation und Gesellschaft. Carl-Auer, Heidelberg 2007.
- Darrell K./Willms, J. (2014): Immun gegen Veränderungen? Training aktuell managerSeminare, Bonn.
- Derby, E./Larsen, D. (2013): Agile Retrospectives: Making Good Teams Great. USA.
- Dweck, C. (2016): Selbstbild: Wie unser Denken Erfolge oder Niederlagen bewirkt. Piper, München/Berlin.
- Ekman, P. (2012): Gefühle lesen. Spektrum, Heidelberg.
- Eneroth, T./van Meer, P./Jiang, N./Clothier, P./Infer, H. (2017): get connected. Barrett Values Centre, Summerseat. UK.
- Hüther, G. (2009): Biologie der Angst. Vandenhoeck & Ruprecht, Göttingen.
- Frankl, V. E. (2008): ... trotzdem Ja zum Leben sagen. dtv, München.
- Fuchs, J./Fuchs, H. (2008): Schluss mit Hierarchie. Coin, Wiesbaden.
- Götz, W. (2015): Womit ich nie gerechnet habe. Die Autobiographie. List TB, Berlin.
- Greßer, K./Freisler R. (2016): Stressmanagement-Trainings erfolgreich leiten. managerSeminare, Bonn.
- Grobner, M. (2016): Lust auf Führung. Kreutzfeld digital, Hamburg.
- Gloger, B. (2016): Scrum – Produkte zuverlässig und schnell entwickeln. Hanser, München.

- Gloger, B./Margetich, J. (2014): Das Scrum-Prinzip. Schäffer-Poeschel, Stuttgart.
- Gloger, B./Rösner, D. (2014): Selbstorganisation braucht Führung. Hanser, München.
- Grijns, C. (2010): Relax@work: Achtsam und entspannt im Berufsalltag. Herder, München.
- Handrock, A. Dr. (2012): Glaubenssätze hinterfragen.
- Häusling, A. (2015): Agile Führungspraxis. HR Pioneers, Köln.
- HayGroup (2011): Leadership-2030-Studie – Führungskräfte für eine neue Welt.
- Hohmann, L. (2007): Innovation Games: Creating Breakthrough Products Through Collaborative Play. USA.
- Kabat-Zinn, J. (2011): Gesund durch Meditation. O. W. Barth, München.
- Kegan, R./Laskow Lahey, L. (2009): Immunity to Change. Harvard Business Review Press, Cambridge.
- Kotter, J. P. (1995): Leading Change. Why Transformation Efforts Fail. Harvard, Cambridge.
- Kotter, J. P. (2014): Accelerate. Strategischen Herausforderungen schnell, agil und kreativ begegnen. Vahlen, München.
- Krügl, S./Murschall, D./Richter, D. (2014): Gemeinsam Unternehmenskultur umdenken. HR Innovation, Nürnberg.
- Laloux, F. (2016): Reinventing Organisations. Vahlen, München.
- Lipton, B. (2016): Intelligente Zellen – Wie Erfahrungen unsere Gene steuern. KOHA, Burgrain.
- Lüthi, E./Oberpriller, H./Loose, A./Orths, S. (2009): Teamentwicklung im Diversity Management, Methoden-Übungen und Tools. Haupt, Bern.
- Mois, T./Baldauf, C. (2016): 24 Work Hacks. sipgate GmbH, Düsseldorf.
- Mohl, A. (2006): Der große Zauberlehrling. Teil 1 & 2: Das NLP-Arbeitsbuch für Lernende und Anwender. Junfermann, Paderborn.
- Nink, M. (2014): Engagement Index. Die neuesten Daten und Erkenntnisse aus 13 Jahren Gallup-Studie. Redline, München.
- Nohl, M./Egger, A. (2016): Micro-Inputs Veränderungscoaching. managerSeminare, Bonn
- Paulus G./Schrotta S./Visotschnig E. (2013): Systemisches Konsensieren: Der Schlüssel zum gemeinsamen Erfolg. Danke Verlag, Holzkirchen.
- Petry, T. (2016): Digital Leadership. Haufe, Freiburg.
- Pfläging, N./Hermann, S. (2015): Komplexithoden. Clevere Wege zur (Wieder-)Belebung von Unternehmen und Arbeit in Komplexität. Redline, München.
- Purps-Pardigol, S. (2015): Führen mit Hirn. Campus, Frankfurt/M.

◗ Ramsauer, Ch./Kayser, D./Schmitz, Ch. (2017): Erfolgsfaktor Agilität. Wiley-VCH, Weinheim.

◗ Schneider B./Schubert M. (2009): Die Multitaskingfalle. orell füssli, Zürich.

◗ Senge, P./Roberts, C./Ross, R./Smith, B./Kleiner, A. (1994): The Fifth Discipline Fieldbook: Strategies and Tools for Building a Learning Organization. Nicholas Brealey Publishing, London.

◗ Tan, C.-M. (2012): Search inside yourself. Random House, New York.

◗ Trageser, W./von Münchhausen, M. (2000): Die NLP-Kartei. Practitioner-Set. Junfermann, Paderborn.

◗ Thorsten, P. (2016): Digital Leadership, Erfolgreiches Führen in Zeiten der Digital Economy. Haufe, Freiburg.

◗ Vigenschow, U. (2015): APM – Agiles Projektmanagement: Anspruchsvolle Softwareprojekte erfolgreich steuern. dpunkt.verlag, Heidelberg.

◗ Weitzel, S. (2014): Wirksames Feedback – so formulieren und übermitteln Sie Ihre Botschaft richtig. Center for creative Leadership.

◗ Whitmore, J. (2006): Coaching für die Praxis. Wesentliches für jede Führungskraft. allesimfluss-Verlag, Staufen.

◗ zur Bonsen, M./Maleh, C. (2001): Appreciative Inquiry (AI): Der Weg zu Spitzenleistungen. Beltz, Weinheim und Basel.

◗ Personalmagazin (12/2016). Haufe Akademie.

◗ Personalmagazin (11/2016). Haufe Akademie.

◗ Whitepaper (02/2017) IOM I Steinbeis-Hochschule Berlin: Die drei Säulen agiler Organisationen.

Internet-Quellen

◗ http://www.gallup.de/183104/engagement-index-deutschland.aspx (Download: 04.10.2016)

◗ https://www.coaching-tools.de/freie-tools/grow-modell-zur-gestaltung-von-coaching-sitzungen.html (Download 25.11.2016)

◗ https://de.wikipedia.org/wiki/Theorie_Z (Download 08.03.2017)

◗ https://de.wikipedia.org/wiki/X-Y-Theorie (Download 08.03.2017)

◗ http://intrinsify.me/ (Download 08.03.2017)

◗ https://management30.com/product/delegation-poker/ (Download 06.03.2017 – **siehe S. 129**)

◗ https://management30.com/product/kudo-cards/ (Download 02.02.2017 – **siehe S. 116**)

◗ https://www.die-akademie.de/journal/kolumne/digital-leadership-mit-diesem-mindset-gelingt-ihre-digitale-transformation?utm_source=Newsletter+Versand&utm_campaign=7399e04c63-Newsletter_Oktober_2016&utm_medium=email&utm_term=0_2b1f6f3ba3-7399e04c63-296409665

- ▶ http://www.sk-prinzip.eu (Download 23.01.2017)
- ▶ online-Version für einen privaten (kostenlosen) Zugang oder einem Firmenzugang: https://www.konsensieren.eu/de (Download 23.01.2017)
- ▶ https://plans-for-retrospectives.com/de/?id=1-6-20-38-16 (Download 07.03.2017)
- ▶ http://www.wirtschaftspsychologie-aktuell.de/nachrichten.html (Download 07.03.2017)
- ▶ http://quiz.sueddeutsche.de/quiz/50ceff3b49fdf0baba67c8fd0ad085 66-eq-test---pers-nlichkeitstest
- ▶ http://karrierebibel.de/lob-anerkennung-unterschied/
- ▶ http://de.kw-a.com/page/annerkennungskultur-umfrage
- ▶ https://future-leadership-eacademy.de/topic/warum-meeting-regeln-nichts-besser-machen-2/
- ▶ http://www.big-five-modell.de/big-five-persoenlichkeitsmodell/

Stichwortverzeichnis

A

Achtsamkeit 54
agile Methoden 15, 19, 24, 125
agile Prinzipien 21
agiles Manifest 22, 28
agile Organisationen 31
Agilität 15
Aktives Zuhören 109
Anerkennung 113
Arbeiten 4.0 12

B

Baby Boomer 134
Big-Five-Modell 86

C

Changemanagement 49
Charakteristika agiler Organisationen 31

D

Daily (Stand-up Meeting) 125
Delegieren 66, 68, 128
Delegation Poker 128
Delegationsgespräch 69
Demotivation 102
Denkmuster 94
Design Thinking 20
Dialog-Kompetenzen 112
Dialog 110
Digitale Kompetenz 71
Digitalisicrung 12
Digital Leader 72
Digital Literacy 71
Diskussion 110
Dimensionen der Führung 51
Diversity-Kompetenzen 74
duales Betriebssystem 40

E

Eigenmotivation 101
emotionale Bindung 84
Emotionale Intelligenz 56
Empathie 58
Empowerment 78, 100, 122
Entscheidungsfindung 66
extrinsische/intrinsische Motivation .. 36, 101

F

Feedback 106
Fixed Mindset 79
Frageformen 64
Fragekompetenz 63, 105
Fremdbild 83
Führungsaufgaben 20, 66
Führungsaufgaben im Change 20
Führungskompetenzen 46, 48
Führungsprinzipien 28
Führungsrollen 43

G

Gallup-Studie 84
Generation X, Y, Z 134
geschlossene Fragen 63
Glaubenssätze 94
GROW-Modell 96
Growth Mindset 79
Grundmotive 87

H

Hierarchie 40
Hüther, Gerald 103

I

innere Haltung 90
Intuition 60

K

Kanban 20
Kanban-Board 126
Komplexität 16
konsultativer Einzelentscheid 67
Kotter, John 20, 40
Kritikgespräch 116

L

Leadership 33, 36
Lernkultur 120
Lob 113
Lob-Kärtchen 115

M

Machthierarchie 41
Management 34
Management-/Führungsmatrix 34
Meetings 22, 125
Mindset 78
Motivationsspirale 103
Motivationsstratgien 101

N

Netzwerk 40

O

offene Fragen 63

P

persönliche Entwicklungsarbeit 78
persönliches Energie-/Ressourcen-
management 52
Persönlichkeitsentwicklung 86
Powerful Questions 104
Projektmanagement 126

S

SAG-ES-Formel 117
SBI-Feedback-Modell 107
Scrum 20
Scrum-Prinzipien 23
Scrum-Rollen 22
Selbstbild 78, 83
Selbstcoaching 96
Selbst-/Fremdbild-Wahrnehmung 83
Selbstreflexion 76
Selbstführung 51, 119
Selbstorganisation 17, 125
situative Führung 38
SK-Prinzip 130
Spiegelneuronen 60, 119
Stacey-Matrix 15
Stufenmodell der Selbstorganisation 18
Systemisches Konsensieren 130

T

Teamarbeit 122, 125
Teamentwicklung 124
Teamrollen 123
Theorie Z 92
Transaktional führen 35
Transformational führen 36

V

Vorbildfunktion 118

W

Warum-Fragen 63
Werte 89
Wertschätzung 105, 113, 123
Whitmore, John 96

X

X-Y-Theorie 91